Niki Popper

Ich simuliere nur!

NIKI POPPER

Ich simuliere nur!

Von mathematischen Modellen,
virtuellen Muttermalen und dem
Versuch, die Welt zu verstehen

**Aufgezeichnet
von Ursel Nendzig**

Mit 41 Abbildungen

Amalthea
Verlag

Bildnachweis

Archiv drahtwarenhandlung/Grafik: Tino Klissenbauer (24, 62, 64/65, 67, 69, 70, 134/135, 156, 168/169, 189), dwh GmbH/TU Wien (28/29, 31, 32, 106/107, 124/125, 164/165, 186, 201, 230), Archiv drahtwarenhandlung (40, 90, 113, 141, 147, 148, 151, 182, 231, 240), Archiv drahtwarenhandlung/ Collage: Hannes Landsiedl (41, 43, 44, 48, 115, 120/121, 197, 207, 210, 211), DWH/Hannes Landsiedl (177)

Der Verlag hat alle Rechte abgeklärt. Konnten in einzelnen Fällen die Rechteinhaber der reproduzierten Bilder nicht ausfindig gemacht werden, bitten wir, dem Verlag bestehende Ansprüche zu melden.

Gefördert von der Stadt Wien Kultur

Besuchen Sie uns im Internet unter: amalthea.at
© 2022 by Amalthea Signum Verlag, Wien
Alle Rechte vorbehalten
Umschlaggestaltung: Johanna Uhrmann
Umschlagfoto: © Stefan Knittel
Lektorat: Martin Bruny
Herstellung und Satz: VerlagsService Dietmar Schmitz GmbH, Heimstetten
Gesetzt aus der Kepler Std und der DINosaur
Designed in Austria, printed in the EU
ISBN 978-3-99050-218-1

Für alle Mitmodellierer, Co-Simulierer
und jene, die immer wieder fragen, was das alles soll
und ob wir einfach nur raten.

Inhalt

Vorwort

D ie Idee, ein Buch zu schreiben, haben heutzutage viele Menschen. Speziell dann, wenn sie in den Medien vorkommen. Und ich denke, dass jede oder jeder, der oder die diese Idee hat, sich fragt: Was habe ich eigentlich Neues zu erzählen? Zumindest sollte er oder sie sich das fragen. Gibt es irgendetwas, das in den vielen und hohen Buchstapeln in den Läden nicht schon abgehandelt ist?

Mit dieser Frage im Hinterkopf habe ich mir überlegt, was ich schreiben könnte, das nicht schon erzählt worden ist. Naheliegend wäre es gewesen, ein Buch darüber zu schreiben, was sich in der Zeit der Corona-Pandemie alles ereignet hat. Ein Covid-Buch ist es aber nicht geworden, auch wenn wir am Schluss ein wenig darauf eingehen.

Vielmehr wollte ich über zwei Themen schreiben, und dazu haben wir das Buch in zwei Teile geteilt.

Einerseits geht es darum, warum ich und wir – wer »wir« ist, dazu kommen wir noch – unsere Modelle so bauen, wie wir es tun. Wie ich seit meiner Kindheit die Welt betrachte und warum es mir so wichtig ist, Modelle zu bauen, um diese Welt besser zu verstehen, täglich etwas dazuzulernen oder auch manchmal Dinge zu verbessern. Die Kapitel mit ungerader Nummer und in normaler Schrift sind aus meiner Perspektive geschrieben. In ihnen geht es um Modelle, Simulationen, ein bisschen

Mathematik und Informatik – und sie bereiten mir ehrlich gesagt großes Bauchweh. Denn es ist nicht so einfach, so etwas so zu erzählen, dass es verständlich, unterhaltsam und dabei trotzdem faktisch halbwegs korrekt bleibt. Im Sinne des Vernetzens von Gedanken, des Erklärens von Hintergründen habe ich in diesen Kapiteln mehr vereinfacht, als ich meinem Bauch eigentlich zumuten kann. Vieles ist nicht ganz korrekt, manches sogar ein wenig »verbogen«. Mathematikerinnen und Informatiker (oder umgekehrt) werden mir also – mit Recht – vorwerfen, Ungenaues oder gar Falsches zu schreiben. Insofern bitte ich alle Profis, mir diese Unschärfen und Ungenauigkeiten zu verzeihen. Aber mit strengem und gütigem Auge hat meine Mitautorin Ursel Nendzig darauf geachtet, dass die Texte verständlich bleiben – auch für Leserinnen und Leser, die nichts mit Mathematik, Programmieren oder Simulation am Hut haben. Diese Texte dienen vor allem dazu, zu erklären, wie Modellierung meiner Ansicht nach funktionieren könnte, warum wir etwas tun oder eben nicht tun. Es geht auch darum, zu erklären, wann Mathematik gut funktioniert und wann wir uns eher an die Informatik halten – und umgekehrt – und welche Anwendungen sich mehr für Simulation eignen und welche weniger. Diese Kapitel eignen sich also sehr gut, um viele Diskussionen über das »richtige« Modell zu starten. Wir glauben, dass es kein gutes Modell gibt, sondern nur möglichst wenig schlechte.

Diese Modelle entstehen andererseits in Köpfen, in Computern – und an einem ganz speziellen Ort, der Drahtwarenhandlung, die neben meiner akademischen Welt existiert und eine Art geniales Biotop ist. Ihren doch etwas ungewöhnlichen Namen hat sie, weil sie vor uns tatsächlich ein Geschäft beherbergte, in dem es alles aus und mit Draht zu kaufen gab. In den Kapiteln mit geraden Nummern, die aus der Sicht der Besucherin geschrieben sind, soll es darum gehen, wie ich und meine Kolleginnen und Kollegen dorthin kamen, wo wir heute sind – räumlich und inhaltlich, und warum es hier neben Artificial Intelligence und Simulation ein echtes Lokal mit Speisen und Getränken gibt und eine Filmproduktion und Animationsfirma beherbergt wurde (und im Kleinen noch wird).

Die Drahtwarenhandlung habe ich gemeinsam mit Thomas Peterseil und Michael Landsiedl gegründet. Sie wurde von uns als Ort erdacht, der uns die Möglichkeit gibt, so zu arbeiten, wie wir uns das vorstellen. Es ist auch der Drahtwarenhandlung zu verdanken, dass wir die Dinge so umsetzen konnten, wie wir es eben taten. Unsere Mitarbeiterinnen und Mitarbeiter finden dort ein hoffentlich meist angenehmes Umfeld vor, wir empfangen Gäste aus dem In- und Ausland und sahen und sehen unsere Kinder hier aufwachsen.

Die Drahtwarenhandlung wirkt vielleicht auf manche Menschen unprofessionell. Sie glänzt nicht wie ein Consulting-Unternehmen, und sie strahlt auch nicht die Weisheit eines Auditorium Maximum aus. Aber sie ist der beste Nährboden für kreative und wissenschaftliche Arbeit und der perfekte Ort, um sich ohne Einschränkungen und Limitierungen des Denkens mit neuen Modellen zu beschäftigen.

Die meisten Leserinnen und Leser kennen mich hoffentlich als Forscher, der versucht, Dinge greifbarer zu machen (manchmal auch, soweit möglich, heiter), aber dabei jedenfalls professionell und ernsthaft zu agieren.

Das mache ich auch, denn die Dinge, die uns beschäftigen, sind ernst. Krankheiten wie Covid, der Krieg in der Ukraine, Klimawandel, die Verteuerung in der Energieversorgung und vieles mehr. Aber ich denke, das widerspricht sich nicht. Mein Vater, pensionierter Architekt und Künstler, malt traurige Bilder, auch um seine eigene Geschichte von Flucht und Krieg aufzuarbeiten, und meine Mutter kümmert sich oft um kranke oder traurige Menschen. Das gut und mit Freude zu tun, was wir können, und das gerne machen, womit wir beitragen können, erscheint mir als das Beste, was wir mit unserem Leben tun können. Und dabei Freude zu haben und nicht immer auf das eigene Image zu achten auch.

Die Universität, die Wissenschaft sowie ihre Mechanismen und all die ernsthaften Dingen gab und gibt es in meinem Leben (nach einer langen Pause zwischen 2000 und 2010), und sie sind mir sehr wichtig. Dass sie in diesem Buch, bis auf einige Verweise auf hoffentlich, soweit möglich, allgemein verständlich ausgewählte Publikationen, kaum vorkommen, ist bewusst so gewählt. Es wäre sonst ein »anderes« Buch geworden.

Dieses Buch wird es der Leserin und dem Leser nicht ermöglichen, selbst Modelle zu entwickeln (also im Kleinen schon, wie zum Beispiel ein Modell, um eine Party zu planen). Es bietet auch keine neuen, »großen« Lösungen. Es erzählt nichts darüber, wie wir die Probleme der Zukunft lösen können. Das wäre vermessen in der aktuellen Zeit. Ich glaube nicht daran, dass es da eine Patentlösung gibt.

Vielmehr ist dieses Buch der Versuch, eine Art Mindset zu beschreiben – die Art Mindset, die es ermöglicht, offen an Probleme heranzugehen, ohne zu glauben, dass es nur eine Möglichkeit gibt, die Welt zu beschreiben. Es erzählt davon, wie Modelle dabei helfen können, die Welt besser zu verstehen.

Wir können nur versuchen, Prozesse besser zu begreifen und dieses Wissen mit anderen Menschen teilen. Das sollte man immer mit viel Demut tun, aber auch mit dem freudigen Blick auf das Potenzial, das diese Arbeit uns gibt.

Wenn Sie all das interessiert, würde es uns freuen, wenn Sie unser Buch lesen. Lesen Sie nur die Kapitel mit ungeraden Nummern, wenn Sie mehr über Modelle und Simulation erfahren möchten. Lesen Sie nur die Kapitel mit geraden Nummern, wenn Sie der »Gossip« mehr interessiert. Lesen Sie abwechselnd, kreuz oder quer. Es gibt ja unterschiedliche Möglichkeiten, auf die Welt zu schauen.

Wir bauen keine Brücken, wir entwickeln keine Impfungen, und wir erfinden kein neues Material, das die Welt besser macht.

Ich simuliere nur.

Kapitel 1
Simulationsforschung

Ein Blick auf die Uhr, viele Daten und doch ein bisschen Corona

Wenn wir auf eine Uhr schauen, sehen wir, wie sich der Zeiger bewegt. Immer im gleichen Abstand, jede Sekunde einen Tick weiter. Hätten wir keine Information über das Uhrwerk, würden wir dieses Muster ablesen und dennoch nach einiger Zeit daraus prognostizieren können, wie sich der Zeiger weiterbewegen wird. Unsere Analyse beruht auf den Daten, die wir ablesen – je länger wir das tun, umso schlauer werden wir.

In unseren Modellen versuchen wir hingegen, das Uhrwerk auseinanderzunehmen – zu verstehen, wie die Rädchen ineinandergreifen – und nachzubauen. Das ist der Kern unserer Arbeit: Wir wollen die Welt im Computer nachbauen. Mit all ihrer Kausalität, ihrer Widersprüchlichkeit.

Dabei gibt es viele unterschiedliche Systeme. Ein Uhrwerk kann man gut beschreiben – aber was, wenn es sehr viel komplizierter ist? Wenn es um ein System wie eine Welt geht, mit ihren Menschen, die sich in einem System, ihrer Welt, bewegen, Entscheidungen treffen, ihren Gewohnheiten nachgehen?

Dieses Nachbauen bringt große Vor- und Nachteile mit sich. Als Methode ist es nicht unbedingt immer dafür geeignet, bessere Prognosen zu machen, als es beispielsweise mit einfachen Modellen, etwa einem simplen Excel-Sheet, möglich wäre.

Darum geht es aber oft gar nicht. Es geht darum, dass wir sehr komplizierte Systeme mit vielen Mechanismen abbilden und daraus virtuelle Zukünfte, Szenarien abbilden können und schauen, wie sie sich voneinander unterscheiden. Wir sind in der Lage, dadurch Varianten zu unterscheiden. Das ist der Mehrwert unserer Methode. Wir können Handlungsmöglichkeiten vergleichen und, wenn man es technisch noch ein Stück weiter analysiert, eine Aussage dazu treffen, mit welcher Sicherheit eine Variante besser ist als eine andere. Das hat mit der Sensitivität (siehe Glossar) unseres Systems zu tun, also der Frage, wie stark sich Änderungen auswirken. Vergleichbar ist das mit dem berühmten Schmetterling, der mit seinem Flügelschlag einen Orkan auslösen kann. Wenn eine solche kleine Veränderung große Auswirkungen hat, ist das immer schlecht für Systeme – oder für die Stabilität einer Vorhersage.

Job-Description

Es ist nicht einfach, zu fassen, worin unser Job besteht. Ich werde oft gefragt: »Was sollen wir bei Ihnen als Beruf dazuschreiben?« Und ich antworte meistens: »Simulationsforscher.« Das war bis vor ein paar Jahren kein geflügeltes Wort, inzwischen ist es ein bisschen bekannt. Warum es so schwer zu fassen ist, ist einfach erklärt: weil das, was wir tun, eine wilde Mischung aus Programmieren, Datensammeln, Datenanalyse, mathematischem Modellieren, Wahrscheinlichkeitsrechnung und Visualisierung (siehe Glossar) ist, gespickt mit den Besonderheiten des jeweiligen wissenschaftlichen Feldes, mit dem wir es zu tun haben. Epidemiologie etwa. Vor 30 Jahren gab es kaum eine dieser Berufsbeschreibungen wirklich, und wenn es sie gab, hat damals jeder dieser Berufe völlig anders ausgesehen.

Ich wollte jedenfalls schon immer genau diese wilde Mischung machen. Ich habe Mathematik studiert – aber nicht, um Mathematiker zu werden. Ich bin eigentlich ein grottenschlechter Mathematiker im Vergleich zu vielen Kolleginnen und Kollegen rund um mich. Ich wollte nie geometrische Figuren erforschen oder neue Primzahlen finden – Gebiete, worüber es spannende Bücher gibt. So stellt man sich ja eigentlich Mathematiker vor. Vielmehr hat mich schon in der Schulzeit interessiert, wie die Welt funktioniert.

Wenn man sich die Welt anschaut, ist es ja fast nie so, dass es einen Punkt gibt, von dem aus die Entwicklung linear weitergeht, vielmehr gibt es meistens Rück-koppelungseffekte. Norbert Wiener, einer der Begründer der Kybernetik, hat genau das in seinem Buch *Cybernetics*[1] schon im Jahr 1948 beschrieben. Ein einfaches Beispiel daraus: Ein Thermostat sorgt dafür, dass eine Heizung so lange das Wasser erwärmt, bis ein Sollwert erreicht ist, dann hört sie auf. Genau solche Systeme haben mich interessiert: selbstregelnde Systeme.

Als ich 1992 nach der Matura am Rainergymnasium im 5. Wiener Gemeindebezirk eine Berufsmesse besuchte und gefragt habe:»Ich möchte solche Dinge beschreiben und simulieren, was soll ich studieren?«, war die Empfehlung:»Studier Mathematik! Dann hast du die formalen Grundlagen. Das Programmieren, das kann man zusätzlich lernen oder jemandem anvertrauen, der darauf spezialisiert ist.« Damit macht man sich bei meiner heutigen zweiten Heimatfakultät, der Informatik, zwar keine Freunde, und sicher wäre es auch umgekehrt gegangen. Aber es war ein guter Weg. Und genau so ist es 2003 mit der Gründung der »Drahtwarenhandlung« tatsächlich gekommen. Was die Drahtwarenhandlung ist, dazu komme ich später.

Ich habe also Mathematik studiert, aber immer mit der Intention, Modelle zu bauen und zu simulieren. Schon bald habe ich an der TU bei der Forschungsgruppe »Modellbildung und Simulation« von Felix Breitenecker am Institut für Analysis und Scientific Computing angedockt, die am ehesten das gemacht hat, was ich machen wollte: ganz unterschiedliche Systeme aus dem echten Leben modellieren und simulieren.

Damals waren das recht einfache Dinge: Warteschlangen im Restaurant, Produktionsanlagen oder einfache ökologische Systeme mit Füchsen und Hasen. Ich hätte es damals nicht für möglich gehalten, dass meine Mitarbeiterinnen und Mitarbeiter und ich 25 Jahre später europaweite Logistikprozesse für die ÖBB simulieren und optimieren, neuartige Modellkonzepte für Produktionsnetzwerke entwickeln, um energieeffizienter zu produzieren, oder weltweite Pandemien modellieren werden.

Es ist ein praktischer Zufall (oder vielleicht auch nicht, vielleicht war es eine Art Vorahnung und hat mich genau deshalb interessiert?), dass Modelle heute diese hohe Relevanz haben.

Als das Coronavirus Anfang 2020 in China begann, um sich zu greifen, waren wir schnell. Schon Ende Jänner suchten wir die ersten chinesischen Studien aus Wuhan heraus und berechneten erste Szenarien. Der Grund dafür, dass wir so schnell agieren konnten, war, dass wir die

Daten nur in unser bereits bestehendes Modell einspeisen mussten. Und zwar in ein Modell, das nicht einfach Daten verarbeitet, sondern versucht, die Dynamik von Epidemien im Computer nachzubilden.

Um das zu verstehen, müssen wir einen Schritt zurücktreten und den Unterschied zwischen kausalen (siehe Glossar) und datengetriebenen Modellen betrachten, wie schon zu Beginn mit dem Uhrwerk. Zwei unterschiedliche Methoden, in einem Beispiel erklärt: Wenn ein Auto mit 200 km/h frontal in eine Mauer kracht, kann ich mit ziemlicher Sicherheit sagen, dass der Fahrer, die Fahrerin des Autos diesen Aufprall nicht überleben wird – eine kausale Folge des Zusammenstoßes.

Ein Mensch, der nur datengetriebenen Modellen glaubt, würde sagen: »Das kann ich so nicht bestätigen. Ich müsste es erst viele Male ausprobieren, mir dann die Häufigkeiten der Ergebnisse anschauen – und kann dir danach hochrechnen, mit welcher Wahrscheinlichkeit der Crash tödlich endet.«

Abgesehen davon, dass das hoffentlich nicht wirklich jemand ausprobiert: Das extreme Beispiel bringt uns in die Versuchung, zu meinen, dass das ja ohnehin klar ist und beides gleich gut funktioniert. Der datengläubige Mensch wird feststellen, dass in 100 Prozent der Fälle die Daten übereinstimmen werden. Und das kausale Modell führt wohl zum gleichen Ergebnis: Berechnet man auf Basis der physikalischen Gleichungen und mit einigen medizinischen Annahmen den Aufprall, kommt ein eindeutiges Ergebnis heraus.

Aber was, wenn es nicht so eindeutig ist? Wenn wir zum Beispiel herausfinden wollen, wie schnell das Auto sein darf, um unter einem gewissen Schaden zu bleiben, oder welche Maßnahmen man zusätzlich setzen müsste, um die Passagiere in Sicherheit zu halten? Wir mit unserem kausalen Modell versuchen, die Welt so nachzubauen, wie sie ist – oder zumindest, was wir davon verstehen. Wir würden also, basierend auf physikalischen Gesetzen und mechanischen Grundsätzen, den Unfall am Computer nachbauen, ablaufen lassen und zusammen mit medizinischen, anatomischen Annahmen erkennen, was passiert. In einem Modell können wir der Realität dann mit immer mehr Daten immer näher kommen.

Beide Ansätze haben also ihre Berechtigung. Wir werden die Realität nie exakt beschreiben können, aber immer und immer genauer nachbauen, bis wir mit fast völliger Sicherheit vorhersagen können, was passieren wird, oder bis wir feststellen, dass es nicht funktioniert, vernünftige Aussagen zu treffen. Auch das ist uns schon oft passiert.

Das Bevölkerungsmodell

Mit der Intention, möglichst genaue Aussagen zu treffen, sind wir Anfang der 2010er-Jahre an die Modellierung unseres Bevölkerungsmodells gegangen. Wir haben ein kausales Modell geschaffen, das die Bevölkerung so genau wie möglich nachempfindet. Wir haben uns gefragt: Welche Menschen wohnen wo? Wie bewegen sie sich? Wie interagieren sie? Und im nächsten Schritt: Welche anderen Dinge spielen mit? Wie funktioniert zum Beispiel die medizinische Versorgung? Wie die Energieversorgung? Wie die Mobilität?

Die Schwierigkeit dabei sind die vielen Unsicherheiten, was das System betrifft. Es liegt der Bevölkerung ja nicht eine einfache Gleichung zugrunde, sondern es handelt sich um ein irrsinnig komplexes Zusammenspiel Tausender Faktoren. Allein die Tatsache, wie Menschen netzwerken – bis vor wenigen Jahren hätten wir keine Chance gehabt, ein solches Modell zu bauen, weil es nicht die nötigen Daten dafür gegeben hat.

Die Idee, die Welt nachzubauen, ist wahrscheinlich sehr, sehr alt, zumindest mehrere Jahrhunderte. Nichts Neues also ... Womit wir aber zumindest in Österreich ziemlich die Ersten waren: Wir haben eine Bevölkerung für Österreich am Computer nachgebaut, ein Modell programmiert, das über viele Jahre für sehr unterschiedliche Fragestellungen einsetzbar ist. Eine Verbindung zwischen mathematischer Modellierung und Software-Programmierung.

Das Modell selbst ist ein sogenanntes Agentenmodell, in der Wissenschaft sagt man dazu auch allgemeiner mikroskopisches Modell, im Gegensatz zu makroskopischen Modellen, die zum Beispiel auf Differentialgleichungen basieren. Dies sind die zwei Arten von Modellen, die wir unterscheiden.

Die Idee, mit Agenten zu modellieren, ist schon etwa 50 bis 70 Jahre alt und stammt ursprünglich unter anderen vom Mathematiker John von Neumann, wobei es hier viele Wurzeln gibt. Wir betrachten dabei die Welt so, als würden wir Objekte identifizieren, die ein eigenständiges Verhalten haben. Die Agenten sind dabei erst einmal zwei Objekte, die koexistieren. Das ist die Grundbedingung, und, dass sie miteinander und mit der Umwelt interagieren, wie es im lateinischen Wort »agere« (handeln) schon steckt.

Angenommen, das Modell ist so programmiert, dass diese zwei Agenten, die sich immer in Bewegung halten müssen, immer einen Mindestabstand von 10 Zentimetern haben. Lassen wir einen Agenten sich bewegen, so bewegt sich auch der andere. Falls ihm der andere zu nahe rückt, dann grundsätzlich in die andere Richtung. Schon haben wir ein dynamisches System mit zwei einfachen Regeln. Es ist ein etwas triviales System, die beiden Agenten werden zufrieden vor sich hin mäandern und sich entweder umkreisen oder irgendwohin streben.

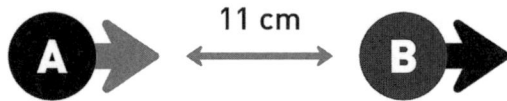

Ein einfaches Agentenmodell: Die Agenten (Kugeln) folgen einer einfachen Regel, nämlich: Haltet stets den gleichen Abstand zueinander (oben). Komplizierter wird es mit mehreren Agenten (unten) und raffinierteren Regeln, etwa: Der Abstand muss mindestens 10, maximal 20 cm sein. Die Agenten versuchen, den angestrebten Zustand zu erreichen.

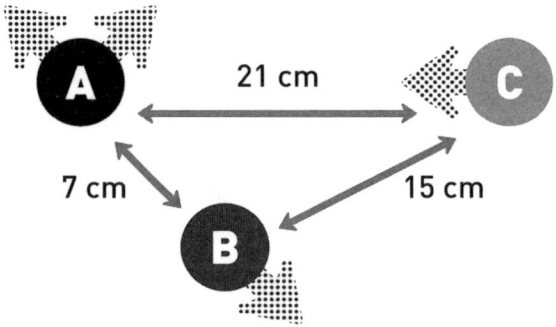

Spannender wird es, wenn wir mehr Agenten nehmen und nur etwas kompliziertere Regeln aufstellen. Etwa folgende: Der Abstand zu allen Agenten sollte mindestens 10 Zentimeter sein, aber nicht größer als 20 Zentimeter. Die Agenten werden nun versuchen, den angestrebten Zustand zu erreichen, es wird ihnen aber nie perfekt gelingen, denn es ist kaum möglich, dass für eine große Zahl an Agenten diese Regeln genau eingehalten werden. Was wir beobachten können, ist das dauernde Streben nach dem perfekten Zustand. Und die realistische Einsicht, diesen nie zu erreichen – oft im Leben gibt man sich dann mit weniger zufrieden. Agenten geht es da auch nicht anders. Wir können also auch beobachten, wie gut solche Modelle die Realität abbilden können.

In unserem Bevölkerungsmodell ist diese Dynamik natürlich noch etwas komplizierter. Menschen bewegen sich zwar auch, aber auf vielen verschiedenen Ebenen. Sie stehen in der Früh auf und gehen zum Beispiel in die Arbeit oder in die Schule. Das bestimmt, wo sie sich im Tagesverlauf befinden. Zwischenmenschliche Interaktionen finden auf einer detaillierteren Ebene statt. Wie nahe bewege ich mich an andere Menschen heran, und wovon hängt das ab? Das ist zum Beispiel nicht nur interessant, wenn es um Covid-19 geht, sondern etwa um sexuell übertragbare Krankheiten. Aber das ist ein anderes Thema. Auf einer dritten Ebene betrachten wir dann Interaktionen wie Urlaubs- oder Geschäftsreisen oder Menschen, die zeitweise oder ganz umziehen.

Das Neue an unserem Bevölkerungsmodell ist also, dass wir das konkrete Thema der Bevölkerung quasi ein für alle Mal modellieren wollten, um damit die Möglichkeit zu haben, es für viele Fragen und Forschungspartner einsetzen zu können, ohne immer wieder die gleichen Fehler machen zu müssen.

Dazu mussten wir das Modell bewusst sehr einfach und modular halten, weil wir schon am Anfang, vor über zehn Jahren, gelernt haben, dass es die Eier legende Wollmilchsau nicht gibt. Man kann nicht ein Modell programmieren und damit alle Fragen der Welt (oder zumindest jene, die die Bevölkerung Österreichs betreffen) simulieren. Wäre das so einfach, hätte es längst jemand erfunden.

In seinem Kern ist das Bevölkerungsmodell auf gut Wienerisch watscheneinfach und besteht aus den Parametern Alter und Geschlecht. Diese beiden Parameter werden für fast alle Fragestellungen gebraucht. Der Wohnort ist schon nicht mehr für alle Fragen relevant, es reicht oft grob der Bezirk. Eigenschaften wie Raucher oder Nichtraucher, Wohnsituation und Ausbildung werden dem Modell bei Bedarf hinzugefügt. Genauso wie etwa Wetterdaten: Die ZAMG (Zentralanstalt für Meteorologie und Geodynamik) hat uns freundlicherweise Daten über Temperatur und Niederschlag zur Verfügung gestellt, so war es uns möglich, zu testen, ob wir in Zukunft Wetterdaten einbauen können.[2]

Wir bekamen auch Daten vom österreichischen Forschungsprojekt zur Abwasseranalyse (abwassermonitoring.at), mit denen wir abschätzen konnten, welche Medikamente oder Krankheitserreger wo und in welcher Konzentration nachgewiesen wurden – im konkreten Fall ging es um Covid-19.[3]

Wir kommen also je nach Fragestellung mit vielen anderen Disziplinen zusammen, haben mit Archäologinnen, Medizinerinnen oder Historikerinnen zu tun. Jeder hat Daten für uns, die wir in unser Modell einspeisen können und mit denen wir in der Lage sind, das System »Bevölkerung« besser zu beschreiben.

All diese Daten »legen« wir auf unser Bevölkerungsmodell und können so für jeden virtuellen Menschen, jeden Agenten in unserem Modell etwa einschätzen, welches Wetter er wann erlebt hat. Für alle 8,9 Millionen. Wichtig ist, zu verstehen, dass diese Agenten keine realen Personen sind, sondern statistische Repräsentanten (siehe Glossar). Jeder Einzelne dieser Repräsentanten oder Agenten steht für eine Person – aber nur im Sinne der Statistik. So wuseln in unserem Modell die richtige Anzahl Frauen, Männer, Kinder, 47-Jährige, Akademikerinnen etc. herum. Sie sind aber keine realen Personen. Das ist auch nicht notwendig, denn die Überlegung dahinter lautet: In welchem Detailgrad möchte ich die Auswertung haben? Meist ist es völlig ausreichend, eine Auswertung auf Bezirksebene durchzuführen. Wir suchen schließlich nicht eine bestimmte Person, sondern die Aussage über ein wahrscheinliches Szenario.

Im Fall von Covid-19 (siehe Kapitel 14) waren vor allem die Ansteckungen interessant. Dafür sind Informationen darüber wichtig, wie sich die Menschen bewegen, wie oft sie mit anderen Menschen Kontakt haben – und was passiert, wenn ein Mensch krank wird. Dazu brauchen wir aber nie die tatsächlichen, exakten Daten einer gewissen Person, es reichen die statistischen Repräsentanten, die in der Dynamik immer das Richtige machen.

Ein anderer Fall wäre etwa die sogenannte Predictive Medicine (siehe Glossar) – wenn also ein Arzt einem Patienten mitteilt, mit welcher Wahrscheinlichkeit er laut seinen medizinischen Daten zum Beispiel an Krebs erkranken wird. Dafür braucht er ein exaktes, datenbasiertes Modell, das er ganz genau auf eine Person hin mit ihren persönlichen Daten auswertet. Diese Daten brauchen wir nicht. Und wir wollen sie gar nicht ...

Blick in die Zukünfte

Es gibt im Grunde zwei verschiedene Möglichkeiten, wie wir aus unserem Modell Auswertungen ableiten. Zum einen ein Datenmodell, das nichts anderes ist als ein Ergebnis, verschiedene Szenarien, mögliche Zukünfte. Diese berechnen wir, und sie bestehen im einfachsten Fall aus einer Kurve. Am Beispiel von Covid-19 würde diese Kurve etwa die Erkrankungen zeigen. Es können auch viele

clusters of detected and undetected infections

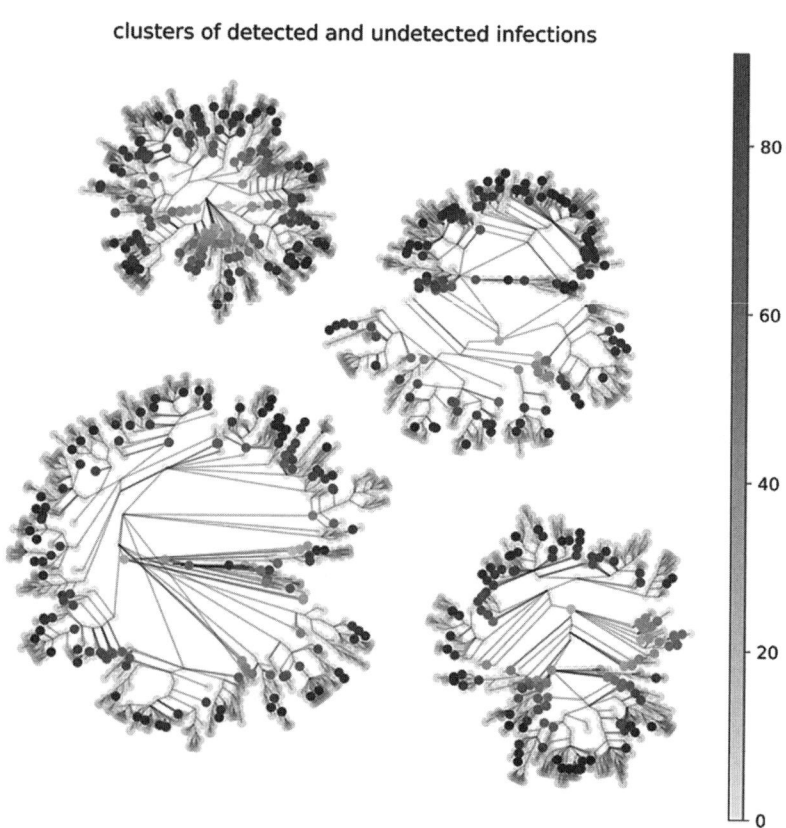

Beispiele für Kontaktnetzwerke mit gefundenen und unbekannten Fällen nach Popper et al (2021)[4]

Kurven sein, wenn die Daten nach Alterskohorten aufgeteilt werden, nach Geschlecht oder nach Wohnbezirk.

Zum anderen können wir jeden einzelnen der 8,9 Millionen virtuellen Agenten einzeln exportieren. Beliebig genau. Von einem bis zu 8,9 Millionen Datensätzen, strukturiert nach Alter, Geschlecht und allen anderen Eigenschaften, die wir zuvor eingespeist haben, die wir modelliert und berechnet haben. Wir erhalten dadurch ein genaues Netzwerk unserer Individuen über den Zeitverlauf.

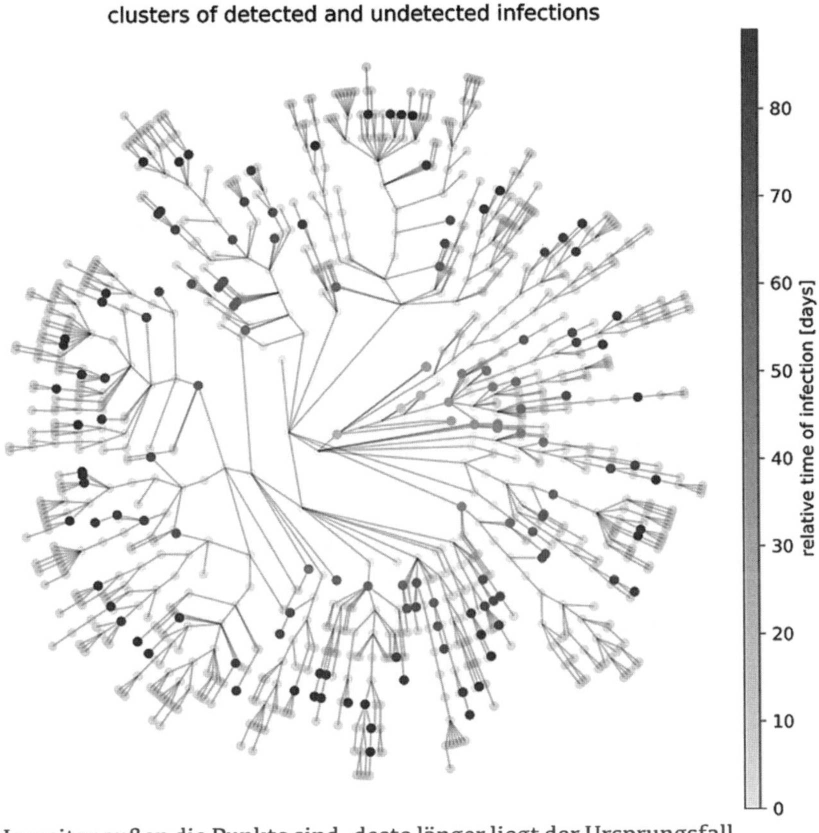

clusters of detected and undetected infections
relative time of infection [days]
80
70
60
50
40
30
20
10
0

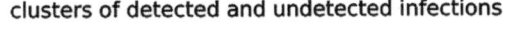

Je weiter außen die Punkte sind, desto länger liegt der Ursprungsfall zurück.

Und das ist das Spannende. Wir können mit diesen enormen Mengen an durch die Simulation produzierten Daten nicht nur jeden einzelnen unserer statistischen Repräsentanten beobachten und schauen, wie er sich auf einer Landkarte bewegt, sondern ihn auch von der Wiege bis zur Bahre verfolgen. Unser Modell ist dynamisch und nimmt die Menschen ebenfalls in ihrer Dynamik wahr. Das mag blumig klingen, trifft es aber auf den Punkt. Wir bekommen nicht nur Zahlen heraus, sondern dynamisches Verhalten. Wie genau dieses Verhalten mit der Realität übereinstimmt, ist eine wichtige Frage, um die es später gehen soll.

Ein Aspekt, den wir bei unseren Analysen zum Coronavirus dadurch besser verstehen konnten, ist die Dunkelziffer, also die unentdeckten Krankheitsfälle, und wie sich die Immunität gegen die Coronaviren entwickelt. Dazu haben wir möglichst viele Studien, die es bis dahin zu diesem Thema gab, in unser Modell eingerechnet. Es zeigte sich eine Kurve, die nicht parallel zu den entdeckten Fällen verlief, sondern unterschiedlich starke Zu- oder Abnahmen aufwies. Jene Virologinnen und Virologen, mit denen wir zusammenarbeiten, waren erstaunt darüber, vor allem, weil sich diese Kurve mit ihrem eigenen Bauchgefühl deckte.

Bei einem Anstieg der Infektionen war die Dunkelziffer der Infizierten zuerst sehr hoch. Kausal betrachtet ergibt das durchaus Sinn: Wenn das Virus erstmals beginnt, sich auszubreiten, findet man in dieser Anfangsphase die Leute nicht. Vielleicht, weil wenig getestet wird, aber auch wegen der Latenzzeit (der Zeitspanne zwischen Infektion und Infektiosität, also bis zu dem Zeitpunkt, ab dem man ansteckend ist) und der Inkubationszeit (der Zeitspanne zwischen Ansteckung und Symptomatik, also dem Auftreten von Krankheitsanzeichen). Ein evolutionär effektiver Virus hat eine sehr kurze Latenzzeit und eine möglichst lange Inkubationszeit, denn das ist genau die Phase, in der man andere ansteckt, ohne es zu merken. Im Anschwingen der Kurve ist es also nur logisch, dass jene, die später als Erkrankte erkannt werden, schon als unentdeckte Fälle vorhanden sind. Das ist eine Erklärung dafür, dass die ansteigende Kurve der »undetected cases« nach vorn verschoben ist – und eine spannende Erkenntnis, die wir dank unseres Modells gewinnen konnten, die mit einem klassischen, datenbasierten Modell nicht abbildbar gewesen wäre. (https://bit.ly/3riKCCy)

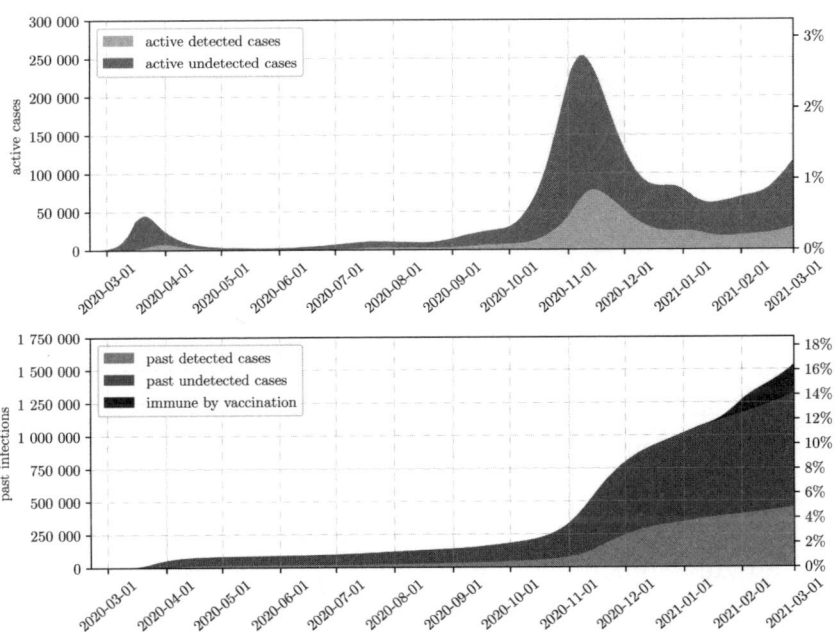

Berechnung der Entwicklung der Covid-19-Dunkelziffer mit Stand 1. März 2021. Darunter die daraus resultierende Immunisierung gegen Infektion in der Bevölkerung, nach Bicher et al (2022)[5]. Wir simulieren in diesem Fall nicht eine Zukunft, sondern versuchen eine »hinter den gemessenen Daten« liegende Dynamik besser zu verstehen.

Mit einem kausalen Modell wie diesem ist es also nicht nur möglich, Input und Output anzuschauen, sondern, dank der Regeln, die im Dazwischen wirken, Zusammenhänge herzustellen. Mit diesen »modellierten« Zusammenhängen gehen wir dann zu jenen Menschen, die sich mit der Materie auskennen, entwickeln die Annahmen weiter und können so neue virtuelle Experimente entwickeln. Spannend ist daran auch, um wie viel komplizierter Systeme über die Zeit werden.

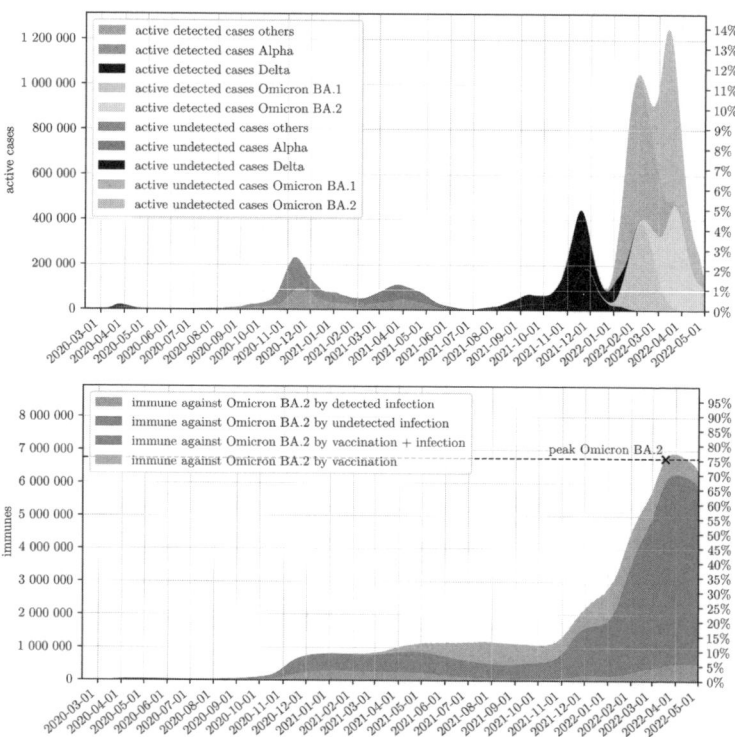

Die gleiche Auswertung mit Stand 1. Mai 2022 zeigt die verschiedenen Virusvarianten. In der daraus resultierenden Immunisierung gegen Infektion erkennt man Anwachsen, Abfallen. Das ist wichtig, um die beste Impfstrategie entwickeln zu helfen. (https://bit.ly/3riKCCy)

Aber jedes Modell hat auch Schwächen. Es muss mit enorm vielen Daten und all ihren Unsicherheiten und Mängeln kalibriert werden. Ein extrem schwieriges Unterfangen. Es gibt Größen, die man einfach nicht messen kann. Eine davon ist, um beim Beispiel Covid-19 zu bleiben, die Saisonalität.

Wir wissen, dass es sie gibt, aber nicht genau, wie sie sich auf die Fallzahlen auswirkt. Die einzige Möglichkeit, diese Größe im Modell abzubilden, ist, den vergangenen Frühling zu beobachten, dort die Saisonalität abzulesen und für das kommende Frühjahr in das Modell einzurechnen.

Auch der Effekt, der durch das Tragen von Masken erzielt wird, ist eine Größe, die nur sehr schwer zu berechnen ist. Wir können zwar die Kontakte abbilden – dazu bekommen wir viele Daten zum Beispiel zur Homeoffice-Nutzung, von Schulen oder von Mobilfunkbetreibern –, aber wissen nicht, welchen Abstand die Menschen einhalten, ob es 20 Zentimeter oder 2 Meter sind. Wir wissen auch oft nicht, ob sie sich von A nach B bewegen, um dort mit Maske und Abstand im Wald spazieren zu gehen oder dort heimlich ein ausgelassenes Fest zu feiern. Wir können also Zahlen rasch und einfach in das Modell integrieren – die Qualität der Aussagen ist aber mit der Qualität der Daten limitiert. Würde man jede Österreicherin und jeden Österreicher jeden Tag fragen, wie viele Menschen sie mit wie viel Abstand getroffen haben, könnten wir das genauso gut integrieren. Wir wissen es aber einfach nicht.

Verlässlicher sind die Daten zu den Corona-Impfungen. Wir bekommen eine große Zahl vorhandener Daten, nicht nur von den tatsächlichen Impfungen, sondern auch von Studien zur Wirksamkeit. Wir saugen die Wissenschaftskolleginnen und Wissenschaftskollegen aus, lesen Papers und schreiben entsprechende Skripts, um diese Daten ins große Modell einzufügen. Daraus ergibt sich mit gewissen Wahrscheinlichkeiten und Unsicherheiten eine zukünftige Entwicklung.

In den letzten Jahren ist dieser Prozess durch die Kompetenz der Menschen, die am Bevölkerungsmodell arbeiten, immer weiter professionalisiert worden. Ziel ist es, diesen Austausch so schnell und friktionsfrei wie möglich umzusetzen, um Fragen so schnell wie möglich zu beantworten. Im März 2022 haben wir nach einer Anfrage von Gecko (Gesamtstaatliche Covid-Krisenkoordination) innerhalb weniger Tage mit Kolleginnen der Medizinischen Universität Wien neue Daten zur Impfwirksamkeit in das Covid-19-Modell integriert, um abschätzen zu können, wie die Lage im Herbst sein wird.[6] Dabei hilft, dass wir mit unserem Modell bereits jede Menge Erfahrung gesammelt hatten, schon bevor Covid-19 ein Thema war. Wir haben die Ausbreitung anderer Krankheiten und die Auswirkung verschiedener Impfungen berechnet und simuliert, haben Mobilität, die Nutzung von Infrastruktur, Klimawandel, alles Mögliche und Unmögliche modelliert.

Für mich ist beim Bauen von Modellen und Simulationen jedes Thema gleich interessant. Und es gibt nicht nur das Bevölkerungsmodell. Zum Glück! Ich möchte im gleichen Ausmaß verstehen, wie die Menschen in Hallstatt vor Hunderten von Jahren die Versorgung der Arbeiterinnen und Arbeiter beim Salzabbau organisiert haben, oder die Frage, warum Muttermale so wachsen, wie sie wachsen.

Ich bin der Überzeugung, dass jedes System, jeder Prozess sich von anderen Systemen beziehungsweise Prozessen unterscheidet und daher für sich betrachtet werden muss, um brauchbare Lösungen zu erhalten. Deshalb habe ich sehr früh begonnen, Modelle zu vergleichen (siehe Kapitel 9), zu schauen, für welches Problem welches Modell am sinnvollsten einzusetzen ist.

Manche Wissenschaftler und Wissenschaftlerinnen haben ein Werkzeug, um Probleme zu lösen. Plakativ gesprochen: Haben sie einen Hammer, versuchen sie, jedes Problem damit zu lösen. Die, die einen Schraubenzieher haben, lösen alles damit. Für Spezialisten ist das die optimale Herangehensweise und für uns andere Menschen extrem wertvoll, denn so entstehen in der Wisssenschaft hoch entwickelte Werkzeuge, die Tag für Tag verbessert werden. Ohne diese Forschung gäbe es keine modernen Maschinen oder innovativen Impfungen, wie gegen Covid-19.

Mein Zugang war aber immer ein anderer, denn bei der Überlegung, welches Modell für welche Problemlösung den meisten Sinn ergibt, lernt man unheimlich viel über die Welt, die uns umgibt. Zu versuchen, die von uns erfassbare Realität mit zwei unterschiedlichen Modellen abzubilden und sich anzuschauen, wie sich diese unterscheiden, lehrt uns nicht nur viel über die Modelle, sondern in gleichem Maß über das reale System, das sie abbilden.

Ein Projekt zur Pneumokokkenimpfung, das wir 2008 bis 2009 umgesetzt haben, ist ein gutes Beispiel dafür. Es war eines der ersten, größeren Projekte in der Drahtwarenhandlung. Wir wurden vom Hauptverband der österreichischen Sozialversicherungsträger (heute Dachverband) beauftragt, zu analysieren, wie die Impfung eines bestimmten Unternehmens gegen die Infektion und folgende Erkrankungen durch Pneumokokken bei Kindern wirkt (siehe Kapitel 4). Die Hersteller des Impfstoffes hatten ein für die damalige Zeit gutes Modell, das zeigte, wie viel Geld, Krankheit und Leid man aufgrund ihres Impfstoffes sparen würde. Wir haben das Modell in einem ersten Schritt zwar mit anderen Methoden, aber doch genau so nachgebaut, wie es vom Unternehmen umgesetzt war. Erst nach und nach haben wir dynamische Effekte und Eigenschaften der Pneumokokken eingeschaltet, die das ursprüngliche Modell nicht nachbilden konnte.

Es gibt rund 90 Stämme von Pneumokokken, und die Impfung wirkte damals gegen sieben davon. Unser Modell zeigte, dass zwar die sieben Stämme ausgeschaltet würden, sich dann aber einige der übrigen 83 ausbreiteten, so, wie wenn aus einem Teich die sieben größten Fische gefischt würden und die restlichen sich dadurch ungestört vermehren könnten.

Solche dynamischen Feedbackprozesse kann auch das Bevölkerungsmodell sehr gut abbilden. Nicht immer, aber sehr oft.

Im Fall der Pneumokokkenimpfung hat die Modellierung auch dazu geführt, dass wir lernten, die Mechanismen dahinter besser zu verstehen. Es wäre anmaßend von uns, davon auszugehen, dass aufgrund unserer Arbeit heute gegen mehr als sieben Stämme geimpft wird (später gab es dann Impfungen für Kinder gegen elf und heute gegen 13 Stämme) und zum anderen überlegt wurde, wie bei der Grippe immer wieder die von der Impfung abgedeckten Stämme zu wechseln. Aber wir verstehen jedenfalls, warum es diese Entwicklungen und Überlegungen gibt. Je besser man ein System versteht, umso besser kann man darauf reagieren.

Was mich manchmal bei Gesprächen ein bisschen stört, ist die Forderung:»Wir wollen sehen, was passiert. Zeigt es uns!« Denn es geht ab und zu nicht darum, eine Zahl auszuspucken. Es geht vielmehr darum, zu verstehen, warum etwas passiert. Nicht immer ist nur das Wieviel wichtig, sondern auch das Warum. Das Wieviel kommt dann schon dazu. Wir können manchmal nicht exakt vorhersagen, was passiert. Etwa, wie viele Covid-19-Infektionen es an einem bestimmten Tag geben wird. Wir können aber modellieren, wie sich die Anzahl unter verschiedenen Dynamiken verändert, und vor allem, was der Grund dafür sein wird – wenn sich beispielsweise ein Großteil der Bevölkerung impfen lässt oder die Immunität durch Genesung steigt. Für sinnvolle Entscheidungen ist das oft wichtiger als die »nackten« Zahlen.

Kompetenzgrenzen

Ein Problem ist oft eine Art Selffulfilling Prophecy, die das Bevölkerungsmodell in sich trägt. Bei Covid-19 war das deutlich zu sehen. Immer wieder berechnen wir, was passieren wird. Manchmal sind wir uns recht unsicher, aber in bestimmten Phasen auch recht sicher. Das hängt mit der Stabilität des Systems zusammen.

Etwa in der ersten Phase der Epidemie in Österreich im März 2020: Wir hatten sehr schnell modelliert, dass der erste Lockdown schnell wirken wird, und das auch sehr schnell öffentlich kommuniziert. Am Freitag, dem 13. März, hatten wir die durch die Maßnahmen ab 16. März bedingte Reduktion der Dynamik für 20. März recht genau vorhergesehen (siehe Kapitel 14): Der Anstieg der Zahlen würde sich von circa 40 Prozent auf 20 Prozent halbieren, was bedeutet, dass sich die Verdopplungszeit in etwa halbiert.[7] Danach war mir aber klar, dass wir sehr vorsichtig mit solchen Aussagen sein müssen. Was würde passieren, wenn man sagte: Jetzt ist es erledigt. Das Risiko besteht, dass die Dynamik ins Gegenteil umschlägt und das prognostizierte Ergebnis nicht eintritt. Meine Vorsicht wird mir immer wieder, vielleicht auch berechtigterweise, vorgeworfen – ich würde meine Kompetenzen überschreiten und solle doch einfach nur Zahlen liefern.[8]

Das ist tatsächlich ein Problem, eines im Luhmann'schen Sinne. Der Soziologe Niklas Luhmann (siehe Glossar) hat beschrieben, wie die Kommunikation zwischen verschiedenen Gesellschaftssystemen funktioniert. Und zwar, stark vereinfacht: manchmal gar nicht. Man spricht zwar die gleiche Sprache, aber die Begriffe und Prozesse sind völlig unterschiedlich. Wissenschaftler und Wissenschaftlerinnen, die Presse, Politiker und Politikerinnen, sie alle haben ihre eigene Interpretation und ziehen jeweils andere Konsequenzen, sie reagieren auf Daten unterschiedlich.

Wir jedenfalls liefern nicht nur Zahlen, denn Zahlen allein bedeuten nichts ohne Kontext. Wir liefern auch Einordnungen. Alles andere würde etwa der Problematik der Beschreibung einer so komplizierten Situation wie einer Pandemie nicht gerecht werden. Man kann Probleme nicht so einfach lösen, nicht mit einer einzelnen Zahl. Und es geht auch nicht um diese Zahl, sondern darum, das System zu verstehen.

Kapitel 2
Die Drahtwarenhandlung

Ein einzigartiges Lokal, Antithesen zu Planung und Prognose

Wer die Räume der Drahtwarenhandlung betritt, taucht in einen ganz eigenen Mikrokosmos ein. Es ist ein Biotop, das nur schwer zu beschreiben ist, und das liegt nicht nur daran, dass die Materie, mit der sich die Mitarbeiterinnen und Mitarbeiter hier beschäftigen, schwer zu verstehen ist. Es liegt an der ganzen Atmosphäre, an diesem Ort, der in keine Schublade passen will. Ist es ein Lokal? Eine Bar? Ein Thinktank? Eine Art Indoor-Spielplatz für Nerds? Eine Programmierer-Bude? All diese Fragen würden mit einem klaren Jein beantwortet werden.

Die Geschichte der Drahtwarenhandlung beginnt mit einer Idee, wenn auch einer sehr vagen. Niki Popper, Michael Landsiedl und ihr gemeinsamer Freund Thomas Peterseil wollten sich selbstständig machen. Niki und Michael kannten sich noch aus dem Gymnasium, maturierten einst gemeinsam und wurden nach der gemeinsamen Zeit als Grundwehrdiener im Bundesheer durch ihre unterschiedlichen Studien wieder getrennt. Niki und Thomas lernten sich in Wien beim Mathematikstudium kennen, Michael ging nach Linz, um dort Mechatronik zu studieren. Gegen Ende des Studiums durchlief Niki ein Assessment-Center beim ORF erfolgreich und war für einige Zeit fixer freier Mitarbeiter – eine sehr österreichische Lösung. Michael war an einem uninahen

Michael Landsiedl, Niki Popper und Thomas Peterseil Anfang 2004,
als sie noch nicht so genau ahnten, was ihnen beim weiteren Umbau
blühen wird

Forschungszentrum in Oberösterreich, dem Fuzzy Logic
Laboratory Linz-Hagenberg, angestellt, aber das Leben
trieb ihn wieder nach Wien.

So kam es, das muss, so genau erinnert sich keiner
mehr, im Jahr 2002 gewesen sein, dass aus der vagen Idee
ein ganz konkreter Plan wurde. Sie wollten sich selbstständig machen, jeder sollte sich mit seiner Expertise ein-
bringen. Und weil alle drei gerne und gut kochen, wollten
sie nicht nur einen Arbeitsplatz schaffen, sondern ein
wirkliches Lokal, in dem Speisen und Getränke angeboten
werden, sie wollten einen Kontrapunkt setzen zu ihrer
Tätigkeit, die nur virtuell existiert: einen Ort, an dem man
kommunizieren kann, an dem Menschen zusammenkommen. In echt.

Es sollte also ein Arbeitsplatz sein, um das zu machen, was ihnen Spaß macht. Einen konkreten Businessplan gab es zwar nicht, dafür aber ausreichend viel Leichtsinn und wenig genug Lebensplan, um zu sagen: Wenn wir schon arbeiten müssen, dann selbstbestimmt und in einer angenehmen Umgebung. Und das Ganze nach Möglichkeit so, dass wir das, was wir uns hier erarbeiten, auch an jüngere Menschen weitergeben können. Ende 2003 wurden sie in der Neustiftgasse im 7. Wiener Gemeindebezirk fündig. Als sie eine alte Drahtwarenhandlung entdeckten,

In der Drahtwarenhandlung wurden bis in die 1990er-Jahre Lampenschirme und andere Metallwaren hergestellt und verkauft.

in der früher einmal tatsächlich alles, was mit oder aus Draht besteht, verkauft und repariert wurde, wussten die drei sofort: Das ist genau die Umgebung, nach der sie gesucht hatten. Daraus konnte man etwas machen. Sie hatten sich zuvor einige Wirtshäuser angeschaut, die zur Vermietung ausgeschrieben waren, einige schlimme waren dabei, gruselige Keller und dubiose Nebenzimmer inklusive. Hier war es anders, hier war klar, dass es passt. Der Name stand bereits über der Tür und wurde nie geändert. Innen wartete die alte Werkstatt mit einem nackten Betonboden und keiner Heizung.

Wenn Mathematiker planen

Anfang November 2003 mieteten sich die drei (damals noch mit zwei weiteren Mitgründern, Gudrun und Michael) in die ehemalige und zukünftige Drahtwarenhandlung ein. Bis April 2004 wurde umgebaut, und zwar im Groben. Durchgänge wurden gestemmt, Türen versetzt, die gesamte Elektrik neu verlegt, eine Heizung überhaupt erst eingebaut. Die komplette Glasfassade wurde getauscht, auf den nackten Betonboden Holz verlegt.

Die Rollenverteilung beim Umbau war zwischen den drei alten Freunden und neuen Geschäftspartnern klar: Thomas kümmerte sich um die Planung, Michael um das Technisch-Handwerkliche und Niki um die Lokalzulassung, die sogenannte Betriebsanlagengenehmigung – ein eigenes, extrem aufwendiges Kapitel. Vom Fluchtweg über die Toilettenanlagen, Lärmschutz- und feuerpolizeilichen Bestimmungen bis zum Einbau und zur Genehmigung einer Gastro-Küche … Mithilfe mathematischer

Beim Umbau blieb kein Stein auf dem anderen. Michael Landsiedl im zukünftigen neuen Mitarbeiter-WC – auch eine Vorschrift aufgrund des geplanten Lokals.

Finesse optimierte Niki die einzelnen Komponenten. Die maximal zugelassene Anzahl an Personen ist nämlich abhängig von der Toilettenanlage, der Lüftung und den Fluchtwegen. Für mehr als 15 Personen sehen die Vorschriften getrennte WC-Anlagen für Frauen und Männer sowie ein Pissoir vor. (Das wäre baulich in den Räumen gar nicht möglich gewesen.) Auch ist eine Tür, die nach außen aufgeht, ab 15 Personen Vorschrift. Damit war klar, dass die Lüftung auch nur für maximal 15 Personen dimen-

Seit 2004 existiert die Drahtwarenhandlung in der heutigen Form: als Lokal, in dem Speisen und Getränke angeboten werden, und als Heim der Forschungsfirma dwh GmbH, Filmproduktion, Animationsfirma und Kooperationsbüro mit der Technischen Universität Wien.

sioniert sein musste. Niki errechnete, wie man mit den bestehenden Kaminen des Hauses, den vorhandenen Quadratmetern und den Fluchtwegen die Räumlichkeiten optimal nutzen konnte. Der Umbau gelang. Es konnte losgehen mit der Arbeit. Und mit dem Lokal.

Der Gong

Irgendwann um die Mittagszeit ertönt in der Drahtwarenhandlung der Gong, ein Geschenk von einer Mitarbeiterin,
Barbara Glock. Eine überdimensionierte Triangel, die von
Michael geschlagen wird, sobald es Essen gibt. »Babsi« hat
sie der Drahtwarenhandlung geschenkt, um Struktur ins
Leben zu bringen. Hungrig herumirrende Kollegen ab halb
elf Uhr vormittags machen sie nervös. Ordnung ist auch
sonst ein wichtiger Teil ihres Jobs, wenn es zum Beispiel
um das Koordinieren neuer Forschungsanträge geht.
Das Essen bereitet Michael scheinbar nebenher zu.
Immer wieder schlüpft er von seinem Arbeitsplatz im ersten Stock der Drahtwarenhandlung hinunter in die Küche,
die im Erdgeschoss liegt und direkt an den Gastraum
angeschlossen ist. Dann rührt er um, schnippelt, paniert,
klappert – und widmet sich anschließend wieder seiner
Arbeit. Wenn man das beobachtet, kann man gar nicht
anders, als zu denken: Die haben es wirklich geschafft,
alles, was ihnen Spaß macht, unter einen Hut zu bringen.
Zum Mittagessen strömen all jene Mitarbeiter herbei,
die da und hungrig sind, holen sich einen Teller – heute:
Reisfleisch mit Salat – und setzen sich auf die schwarz
und weiß lackierten Tische im Gastraum, tauschen sich
über ihre Arbeit aus, essen, besprechen auch Privates und
loben Michael für das, was er da wieder zubereitet hat.
Apropos Essen. Niki fällt dazu das »Dining Philosophers Problem« ein, und das geht so: Fünf Philosophen
sitzen beim Essen, vor sich je eine Schüssel und zwischen
den Schüsseln jeweils ein einzelnes Essstäbchen. Um
essen zu können, bräuchte jeder zwei Stäbchen. Es gibt
aber nur fünf, es können nicht alle gleichzeitig essen. Sie

müssen sich also irgendwie einigen, wer wann essen darf, sodass alle satt werden.

Zur Lösung dieses Problems gibt es unterschiedliche Strategien, die man ausprobieren kann. Mal ist einer gierig, mal der andere, mal sind sie altruistisch. Edsger W. Dijkstra (siehe Glossar) hat dieses Modell in den 1960er-Jahren erfunden, als er sich mit der Parallelisierung (siehe Glossar) von Computern beschäftigt hat. Der Griff zu den Essstäbchen steht für den Zugriff auf Speicherplatz – wenn jeder zu zwei Essstäbchen greifen will, entsteht ein sogenannter Deadlock, also eine Situation, in der jede weitere Handlung zu einem Einfrieren des Systems führt. Nur durch die Rücknahme einer Handlung kann man wieder in einen Funktionsbetrieb kommen. Effizienter wäre es natürlich, Deadlocks überhaupt zu verhindern, wofür vorausschauendes Agieren erforderlich ist – man muss das Handeln anderer antizipieren. Mit diesem Modell hat sich Niki während seines Studiums lange beschäftigt.

Und mit einer Modellierungsmethode, die zur Abbildung dieses Problems sehr gut geeignet ist – den sogenannten Petri-Netzen (siehe Glossar). Günther Zauner erklärt gleich, dass der Name erstens nichts mit dem Fischer Petrus zu tun hat, das fragen nämlich Studierende immer gleich. Es handelt sich zweitens dabei um eine Art von Netzwerkmodellen, die Kausalitäten gut darstellen kann und die man mit linearer Algebra analysieren kann. Soll sein ...

Was er dabei gelernt hat, erzählt Niki, sei, dass solche Modelle dazu dienen, den Prozess an sich und die Struktur der Fragestellung zu verstehen. Greifen alle zu den Stäbchen, kommt es zum Deadlock. Das Ziel des Modells ist, herauszufinden, welche Strategie man anwenden muss, um einen Deadlock mit hundertprozentiger Sicherheit zu vermeiden. Es ist ein wenig die Antithese zur Prognose: Das Modell ist nicht dazu gedacht, sich zu überlegen, was passieren wird, denn das ist ohnehin klar. Es geht darum, Strategien zu simulieren, um dies zu verhindern. Modellieren braucht, und das zeigt das »Dining Philosophers Problem«, nicht immer eine Zeitachse. Es ist unwesentlich, ob die Philosophen vier Minuten oder eine ganze Woche dort sitzen, es geht allein um die Kausalität. Und es ist ein Beispiel, das zeigt, dass es nicht immer das Ziel ist, etwas zu prognostizieren. Oder eine Wahrscheinlichkeit auszuspucken. So wie auch die Gründung der Drahtwarenhandlung keine Prognose, kein Ziel und auch keine Zeitachse im Sinn hatte. Aber wohl immer schon Essen.

Business was?

Die drei Gründer der dwh – so die Kurzform der Drahtwarenhandlung, die noch viel Verwirrung stiften sollte – hatten zwar keinen Businessplan, aber eine große Stärke. Oder eigentlich drei Stärken, was in Summe ein großes Ganzes ergibt.

Niki hatte während seiner Zeit beim ORF schon dynamische Prozesse so visualisiert, dass es die Nachrichtenseherinnen und Nachrichtenseher verstehen konnten, von der Katastrophe in Kaprun über 9/11 bis zu den Nationalratswahlen. Michael hatte viele Jahre Erfahrung im Bereich Artificial Intelligence gesammelt, der zum damaligen Zeitpunkt, Ende der 1990er-Jahre, noch lange nicht im Alltag angekommen war (und außerdem noch Fuzzy Logic – siehe Glossar – hieß). Und Thomas brachte sein umfassendes Wissen über Server, Systeme, Sicherheit und

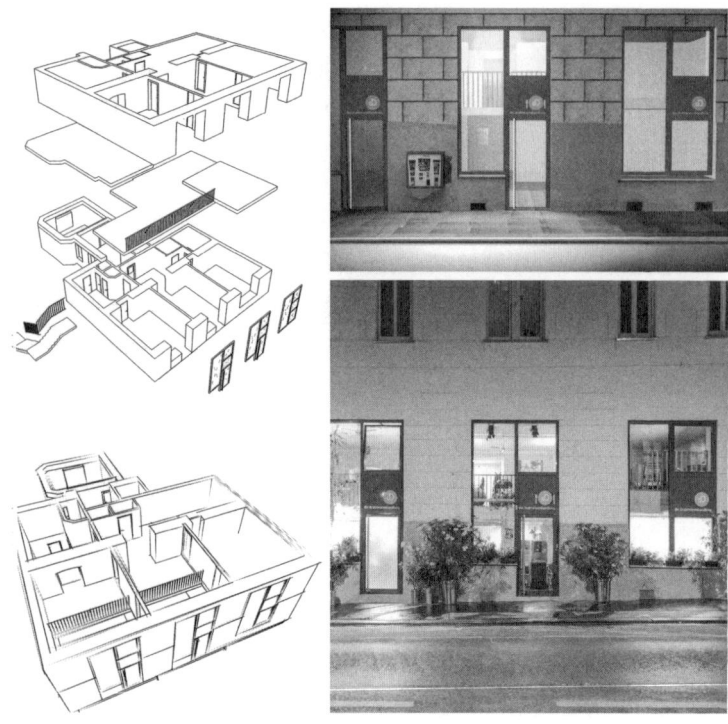

Vom geplanten Aufbau (links) über eine erste, selbst gerenderte Visualisierung (rechts oben) bis hin zur heutigen Realität (rechts unten). Der Kaugummiautomat links vom mittleren Eingang wurde irgendwann wegmodernisiert.

Programmierung mit. Thomas blieb als Einzelperson selbstständig mit der Homebase Drahtwarenhandlung. Michael und Niki gründeten ein Unternehmen, die Landsiedl, Popper OG – Kurzform: Drahtwarenhandlung.

Von Anfang an kochten die drei neben ihrer »echten« Arbeit und servierten die Ergebnisse abends an Wildfremde. Das Lokal in der Drahtwarenhandlung lief – so geben es alle hinter vorgehaltener Hand zu – nie besonders gut. Neben dem eigenen Freundeskreis gelang es wohl nur einige wenige Stammgäste zu lukrieren, unter ihnen Tobi und Flora sowie der Grafiker Horst. Alle sind namentlich bekannt, so wenige sind es, und die meisten ziehen dann auch noch irgendwann des Lebens wegen weg. Ein ökonomischer Bauchfleck seit fast 20 Jahren. Aber es war nie das Ziel, das Lokal als »Vermarktungsplattform« zu nutzen. Es sollte immer nur den entspannten Rahmen liefern für die Arbeit: den Versuch, Modellierung, Programmierung, aber auch Visualisierung und Film – und Menschen mit verschiedenen Interessen – zusammenzubringen.

Einer der ersten Aufträge war beispielsweise ein Projekt fürs Fernsehen: die Visualisierung des voestalpine-Hochofens, bei dem außer den dreien noch viele weitere Bildbearbeiter und Techniker involviert waren. Der Beginn einer wunderbaren Zusammenarbeit.

Wachstum

Den Angaben ihrer Erfinder zufolge wuchs die Drahtwarenhandlung »urlangsam«. Zwei Jahre lange waren sie zu dritt, dann kam über eine Förderung der erste wissenschaftliche Mitarbeiter, Günther Zauner, hinzu, das war 2006. Ab dann ging es ein bisschen schneller, heute sind es insgesamt um die 20 Frauen und Männer. Von Anfang an, und auch heute noch, fließt in Kooperation mit der Technischen Universität Wien viel Arbeit in die Betreuung von Studierenden sowie Praktikantinnen, geben sie ihr Wissen und ihre Erfahrung weiter.

Im Unterschied zu »normalen« Forschungsgruppen ist die Fluktuation bei den Mitarbeiterinnen und Mitarbeitern sehr gering. Anderswo ist es Usus, dass nach drei oder vier Jahren, wenn die Finanzierung ausläuft, wissenschaftliche Mitarbeiter und Mitarbeiterinnen wieder entlassen werden – Brain Drain (Talentschwund) nennt sich das dann. Die Gründer der Drahtwarenhandlung sehen es aber als Teil ihres Jobs, die Verantwortung dafür zu tragen, dass genug Geld eingenommen wird, um ihre Leute dauerhaft anzustellen. Und das macht sich, da ist sich Niki sicher, auch bezahlt. Im Fall der Corona-Pandemie konnten sie deshalb so schnell reagieren, weil sie viele Jahre an Know-how, etwa zum Thema Gesundheitssystem, im Haus hatten.

Und noch etwas ist anders als bei vielen Uni-Spin-offs oder Forschungsgruppen: die hohe Interdisziplinarität der Drahtwarenhandlung. Ein übliches – und auch effizientes – Konzept ist, als Spin-off beispielsweise in den Brückenbau zu gehen, Software für Bauteile zu modellieren und nach einigen Jahren das Expertentool für genau diesen Bereich zu haben. In der Drahtwarenhandlung war der Austausch mit den unterschiedlichsten Disziplinen wie Medizin, Logistik, Architektur oder Produktion immer im Vordergrund. Weil versucht wird, so viele Prozesse und Systeme zu verstehen wie nur möglich. Insofern hat sich über die Jahre, ob zuerst unbeabsichtigt oder nicht, doch ein Businessplan herauskristallisiert: eine Art Wissenskopplung zu sein zwischen Grundlagenforschung und der Anwendung. Die Kooperation mit der Technischen Universität Wien und vielen anderen Forschungsgruppen ist mittlerweile tägliches Geschäft und spiegelt sich auch in vielen kooperativen Forschungsprojekten wider, gefördert durch die EU, die Österreichische Forschungsförderungs GmbH (FFG) und die Wirtschaftsagentur Wien.[9]

Aber auch der Name unterscheidet sich von »normalen« Unternehmen oder Forschungseinrichtungen. Allerdings erwies sich der Begriff Drahtwarenhandlung bei internationalen Konferenzen als schwierig. Kein Italiener oder US-Amerikaner kann dieses Wort aussprechen. Zudem wurde es Ende der 2000er-Jahre Zeit, Lokal, Film- und Animationsschiene von der Forschung zu trennen. Ersteres lebt seither mit dem Namen Drahtwarenhandlung, der Rest, die gesamte Forschung & Entwicklung also, bekam das Kürzel dwh und ein eigenes Unternehmen, die dwh Gmbh.

Der etwas faul gewählte, weil einfach abgekürzte Name war eventuell ein strategischer Fehler, wie Niki heute meint, weil die beiden Bezeichnungen seitdem dauernd vermischt und verwechselt werden. Alle, die schon lange mit und in den Räumen der Drahtwarenhandlung ein und aus gehen, sagen umgangssprachlich zum Lokal dwh, Außenstehenden scheint Drahtwarenhandlung besser im Gedächtnis zu bleiben, und so wird Niki als Sprecher bei großen Konferenzen weiterhin des Öfteren als »Head of Drahtwarenhandlung« vorgestellt, was zu großer Verwunderung – und Erheiterung – führt.

Und das Lokal und das Büro als ungewöhnliche Kombination? Niki Popper sagt, so manche honorige Forscher haben das Lokal gesehen und am Absatz wieder kehrtgemacht. Ja, es gibt viele, die diese Mischung nicht goutieren und meinen, eine Zapfanlage passe nicht zu innovativer Wissenschaft. Sei's drum, sehr viele gute Forscher gehen hier ein und aus. Manche geben es zu, manche nicht – es werden keine Namen genannt ...

Apropos Austausch

Es wäre an der Wirklichkeit vorbeierzählt, würde man nicht erwähnen, dass die Drahtwarenhandlung auch ein Ort der Geselligkeit ist und schon immer war. Damit sind nicht nur gemeinsame Mittagessen gemeint. Die Drahtwarenhandlung ist schließlich ein echtes Lokal, in das man abends essen gehen und ein frisch gezapftes Bier trinken kann. Oder drei.

Es wäre aber auch an der Wahrheit vorbeierzählt, behauptete man, diese Partykultur würde ganz ohne Modellierung auskommen. Selbstverständlich gibt es auch ein Modell zu diesem Thema: den »Partyplaner«, den Niki aus einem *Computer Kurzweil*-Buch (einer Sammlung von Kolumnen von Brian Hayes und A K Dewdney aus *Spektrum der Wissenschaft*, der deutschen Ausgabe von *Scientific American*) aus den 1980er-Jahren kannte.[10] Ein Modell, das er schon als Schüler in Excel programmiert hat.

Beim »Partyplaner« geht man davon aus, dass sich in einem Raum zehn Menschen (Agenten) befinden, die unterschiedliche Eigenschaften aufweisen – und eine Bar im Raum ist. Bei den Agenten handelt es sich um die Weiterentwicklung des Beispiels aus Kapitel 1 (mehr als 10 Zentimeter Distanz, weniger als 20 Zentimeter ...). In diesem Fall wird es genauer. Einer ist ein Einzelgänger, ein anderer Alkoholiker, wieder ein anderer eine Plaudertasche, der Nächste auf Partnersuche. Dazu kommt, dass sich A nicht mit B, aber B sehr gut mit C versteht, wobei D alle anderen gern mag und E eigentlich nur zur Bar möchte. All diese Eigenschaften sind nun also zwar etwas komplizierter als bei den Agenten im ersten Kapitel, aber sie lassen sich zu einer Handlungsanleitung übersetzen und in eine Matrix (siehe Glossar) einspeisen. Daraus entsteht eine zeitliche und räumliche Simulation, die, wenn man sie ablaufen lässt, interessante Effekte zeigt.

Da, sagt Niki, kam er am Anfang der Oberstufe im Gymnasium erstmals damit in Berührung, was emergentes Verhalten (siehe Glossar) ist, also Dynamiken, die sich scheinbar plötzlich aufbauen. Der eine versucht, den anderen zu meiden, zwei möchten die ganze Zeit nebeneinanderstehen – bei zehn Individuen gibt es in Summe 100 Verhältnisse zueinander (also eigentlich 90, zieht man das Verhältnis zu sich selbst ab), woraus bereits recht komplizierte Verhältnisse entstehen.

Ursprünglich fand das Modell übrigens im Medizinbereich seinen Einsatz, daraus wurde der »Partyplaner«, und heute rechnet die Drahtwarenhandlung Modelle für bis zu 450 Millionen Europäerinnen und Europäer zu Coronavirus, Mobilität oder Energieverbrauch.

Kapitel 3
System Dynamics

Eine andere Sicht auf die Welt, in der
Menschen auch Kommazahlen sein können

W as die Dynamik eines Systems ist, haben wir uns bereits ein wenig in Kapitel 1 angeschaut. Wie verändern sich Größen, die wir betrachten, abhängig von unterschiedlichen Einflüssen, seien es äußere oder jene, die durch die Dynamik im System selbst entstehen. »System Dynamics« klingt fast gleich – ist hingegen eine besondere Methode, Modelle zu bauen. Wie man das macht und was diese Methode ist, werden wir etwas später in diesem Kapitel sehen. Zuerst bleiben wir noch etwas bei der Frage, wie dynamisch wir es angehen, was die Dynamik ausmacht und nach welchen Kriterien wir Modelle unterscheiden können.

Modelle wie der »Partyplaner« oder das »Dining Philosophers Problem« (sollten Sie Kapitel 2 übersprungen haben, finden Sie dort Details dazu) zeigen uns, dass man die Welt auf ganz unterschiedliche Weisen betrachten kann. Zum Beispiel als Modell, das aus einfachen Regeln für einzelne Individuen ein dynamisches, unerwartetes, sogenanntes emergentes Verhalten entstehen lässt, oder als kausalen Prozess, in dem sich Dinge gegenseitig bedingen und nicht unbedingt eine zeitliche Komponente benötigen. Wir können also nicht nur aus Gründen mangelnder Ressourcen, sondern auch ganz bewusst in Modellen Aspekte weglassen, die in der Realität natürlich immer vorhanden sind.

Im echten Leben können wir die Zeit nicht einfach »ausknipsen«, im Modell steht uns diese Möglichkeit aber zur Verfügung. Sinnvoll ist das, um sich etwa gar nicht mehr mit dem Problem beschäftigen zu müssen, was wann passiert – ob zum Beispiel durch Zufall ein Ereignis von zweien zuerst passiert. Um also klare Sicht zu bewahren. Wir destillieren die Realität und behalten uns nur die kausalen Zusammenhänge, um dadurch besser zu verstehen, welches Ereignis einen nächsten Schritt bedingt und welche Ereignisse unabhängig voneinander stattfinden können. Die Zeit können wir in einer späteren Phase der Modellierung dazuschalten, wenn sie für unsere Fragestellung relevant ist.

Mit dem Zufall sind wir auch schon beim nächsten Punkt. Wir müssen uns überlegen, wie Prozesse ablaufen und wie wir sie abbilden wollen. Sollen sie in unserem Modell deterministisch passieren oder stochastisch? In deterministischen Modellen gibt es keinen Zufall, und es kommt in der Simulation bei gleichen Input-Parametern immer das Gleiche heraus. Im Gegensatz dazu stehen stochastische Prozesse. Sie laufen so ab, wie unser Leben eben ist (oder uns zumindest erscheint), nämlich voll von Zufällen und Unschärfen. Ob das tatsächlich so ist oder nicht, ist letzten Endes ein philosophisches Problem.[11] In der für uns erfassbaren Realität nennen wir es einfach mal Zufall, denn weder ist es uns möglich, Daten so genau zu erfassen noch Prozesse so exakt abzubilden, um entscheiden zu können, ob es Zufall ist oder eine ungenaue Messung. Aber auch der Aspekt, ob es nun eben Zufall ist oder eine Messungsungenauigkeit, ist etwas, was wir im Modell weglassen oder dazuschalten können.

Modelle sind immer eine Reduktion der Wirklichkeit.

Wir können die Realität nicht 1:1 abbilden, dessen müssen wir uns immer bewusst sein. Die Demut, zu verstehen, wie wenig ein Modell der Realität entspricht, ist ein wichtiger Aspekt in der Ausbildung Studierender. Aber wir haben nun an zwei Beispielen gesehen, wie mächtig Modelle sein können. Wir können sogar Aspekte wie die Zeit oder den Zufall bewusst ein- und ausschalten, um ein wenig besser zu verstehen, wie die Realität funktioniert – oder zumindest, wie wir sie erfassen können. Es ist ein bisschen wie im Sport. Wir müssen unsere Schwächen kennen und verstehen, was für Fehler wir machen können, und vor allem, wo und wie wir sie machen können. Und wir müssen unsere Stärken ausspielen, um zu verstehen, welche Modelle wir am besten wo einsetzen. Dazu wollen wir uns einen Überblick verschaffen.

Wir können entscheiden, welchen Blickwinkel wir einnehmen wollen. Die Welt kann entweder als Wechselspiel großer Einflussfaktoren betrachtet werden, als würden wir von oben auf die Welt schauen und die Zusammenhänge beschreiben, oder als Interagieren vieler einzelner Individuen – wir nehmen also die Position von zwei, drei oder vielen Millionen einzelnen Subjekten ein. Dies ist eine wichtige Erkenntnis, die uns die Auseinandersetzung mit Modellierung bringt: Der Blickwinkel, von dem aus wir die Welt betrachten, verändert die Einordnung der Geschehnisse und die Art, wie wir die Welt verstehen können. Dabei ist keine Sichtweise besser als die andere. Entscheidend ist, zu verstehen, dass manchmal der eine Blickwinkel effektiver ist und dass die Kombination beider uns ermöglicht, die Welt unterschiedlich zu sehen. Ein Luxus, der uns im echten Leben oft verwehrt bleibt.

Agentenbasierte Modelle wie etwa der »Partyplaner« oder andere mikroskopische Modelle stellen das Verhalten des einzelnen Individuums in den Mittelpunkt, das mit seinem Verhalten das gesamte System beeinflusst. Das ist genau das Problem, an dem wir beim Klimawandel kläglich scheitern – wenn jede und jeder Einzelne das Argument vorschiebt: »Was ich als einzelner kleiner Mensch mache, ist doch für das große Ganze egal.« Beschäftigen wir uns mit solchen Modellen, verstehen wir, wie die Welt funktioniert, und sehen die Effekte, die das Individuum hat.

So können wir zum Beispiel bestimmte Gruppen mit einem anderen Verhalten ausstatten. Im »Partyplaner« wird etwa aus dem Trinker ein umgänglicher, sozialer Mensch – und wir können beobachten, ob und wie sich das ganze »Ökosystem« dadurch ändert. Auch andere Menschen werden dann vielleicht ihr Verhalten ändern, und wir können das quasi live beobachten. Das ist oft noch viel wichtiger als jegliche Prognose. Bauen wir ein agentenbasiertes Modell wie das Bevölkerungsmodell, sehen wir, dass das individuelle Verhalten eine Auswirkung hat. Auch wenn diese bei 8,9 Millionen Österreicherinnen und Österreichern natürlich geringer ist als bei zehn Partygästen. Es ist das Verhalten des Individuums, das emergente Verhalten, wie es bei einem Vogel- oder Fischschwarm besonders gut zu beobachten ist.

Craig Reynolds hat diese Erkenntnis in den 1980er-Jahren in seinem »Boids Model« für Computer-Visualisierungen veröffentlicht:[12] Ein Vogel fliegt nach rechts, ein weiterer folgt ihm. Weitere Vögel folgen, bis der ganze Schwarm nach rechts fliegt – obwohl nur ein Vogel zur richtigen Zeit den Impuls in der richtigen Stärke gesetzt hat. Die

Vögel möchten einerseits eine gewisse Separation, das heißt, sie wählen eine Richtung, die einer Häufung entgegenwirkt, sie möchten sich aber andererseits auch angleichen, also in eine ähnliche Richtung wie ihre Nachbarn fliegen, und sie suchen Zusammenhalt. Sie wollen also nicht zu weit von ihren Artgenossen entfernt sein. Man kann solche Effekte erlebbar machen, auch dazu gibt es die Drahtwarenhandlung. Thomas Peterseil hat gemeinsam mit uns eine Simulation des Boids-Modells umgesetzt, die es möglich macht, dass sich alle Anwesenden mit ihrem Handy auf einem Rechner einloggen und einen via Beamer projizierten Vogel steuern können. Dabei kann jeder Einzelne ausprobieren und ein Gefühl dafür bekommen, wie stark man sich gegen den Schwarm stellen kann, wie sehr man die Richtung beeinflussen kann und ab wann man einfach rausfällt. Auch das ist ein Beispiel für den Einsatz von Modellen und Simulationen. Man kann Teil einer Gruppe werden und eine Rolle in der Simulation übernehmen. Der Blickwinkel ist spannend und lässt uns so manche unerwarteten Aspekte erfahren.[13]

Es ist der gleiche Mechanismus, aus dem Revolutionen entstehen: Alle Menschen sind grundsätzlich unzufrieden, aber einer sagt es laut. Der Nächste denkt: Allein hätte ich nichts gesagt, aber wenn er schreit, schrei ich mit! Und plötzlich sind es 100 Menschen und irgendwann 1000. Solche Prozesse lassen sich mittels Modellierung etwa in Onlinespielen ausprobieren. Wissenschaftlich werden sie aber auch mit »Oldschool«-Daten untersucht: Ich glaube, am Max-Planck-Institut für Gesellschaftsforschung wurde ein Projekt umgesetzt, in dem die Ausbreitung der Revolution von 1848 über die Untersuchung von Briefen analysiert wurde. Es lässt sich nämlich gut nachvollziehen, welcher

Brief zu welchem Aufschrei und zu welchem nächsten Brief geführt hat. Das Projekt ist schon einige Jahre hier – heute dienen Daten aus sehr viel modernerer Kommunikation, wie zum Beispiel die Ausbreitung von Nachrichten in sozialen Netzwerken, zur Parametrisierung (siehe Glossar) von dynamischen Modellen und Simulationen.

Im Großen und Ganzen

Emergentes Verhalten ist spannend und oft der Fokus unserer Modelle. Dann nämlich, wenn wir (oder eigentlich unsere Kooperationspartner aus den Wissenschaften, in denen das jeweilige Modell angesiedelt ist) beobachten, dass kleine Effekte oder das Verhalten Einzelner das Systemverhalten beeinflussen und steuern. Das ist für die Frage der Richtung eines Vogelschwarms der Fall und in vielen weiteren Fällen, die wir später kennenlernen werden.

Was aber, wenn es nicht um die Bewegung der Vögel geht, sondern etwa um den Bestand in einem sogenannten Räuber-Beute-System, in dem Räuber und friedliche Tiere zusammenleben? Oder um die Modellierung von Fischbeständen, die der Mensch vernünftig befischt (oder ausbeutet)?

In beiden Fällen haben wir wieder eine Gruppe von Individuen, aber in diesem Fall sind es zwei Populationen unterschiedlicher Arten, die sich gegenseitig beeinflussen. Dabei interessiert uns vor allem die gegenseitige Interaktion der Gruppen. Oder wir kennen »globale« Einflüsse gut, die wir von außen besser beschreiben können. Wenn diese stärker sind und sich die Individuen gegenseitig weniger beeinflussen, hilft uns eine andere Sichtweise, nämlich die Betrachtung »von oben«, und dazu nutzen wir System Dynamics.

System Dynamics kommt aus einer Welt, in der es darum geht, die großen Mechanismen und Zusammenhänge zu verstehen und wie diese sich über Feedbackschleifen (Rückkopplungen) beeinflussen. Anders als die direkte Beobachtung von einzelnen Individuen setzt das eine viel stärkere Abstraktion voraus.

Die Wissenschaft hat uns über Jahrhunderte dazu geführt, dass wir aggregieren, also die Welt weitgehend abstrahieren, um die Zusammenhänge zu verstehen. Politik, Wissenschaft, Wirtschaft, Soziologie – de facto alle Wissenschaften lebten davon und damit, aus dem konkreten Objekt eine abstrakte Idee zu machen. Eine Bevölkerung sind nicht viele verschiedene, einzelne Individuen, sondern 8 916 845.[14]

Heute wissen wir, dass der Mangel an Diversität in der Wahrnehmung beziehungsweise in der »Modellierung« viele Probleme verursacht, doch dazu später mehr. Der Ansatz hat jedenfalls auch große Vorteile, und aktuell interessiert uns, dass lange Zeit die Betrachtung der Dynamik zu kurz kam. Wenn in der Bevölkerung Prozesse ablaufen, gehen diese nicht immer nur in eine Richtung. Wir brauchen ein Verständnis dafür, dass sich Entscheidungen und Aktionen nicht nur ein Mal auswirken, nämlich in der kausalen Ursache-Wirkung-Beziehung, sondern dass die Effekte über verschlungene Wege weiterund genauso wieder zurückgetragen werden. Diese wirken also irgendwann zurück und verändern die Voraussetzungen der getroffenen Entscheidungen und Aktionen. Dadurch wird sich diese Aktion in einem anderen Licht darstellen, und es stellt sich die Frage, ob die Strategie geändert werden muss.

Solche Feedbackschleifen sind heute, in einer Zeit der vernetzten Welt, in der die meisten Menschen verstehen, was der Klimawandel bedeutet, weit verbreitet. Das war nicht immer so.

System Dynamics, die Methodik zur Modellierung, Simulation, Analyse und Gestaltung von dynamischen Sachverhalten in sozioökonomischen Systemen, wurde von Jay W. Forrester (siehe Glossar) am Massachusetts Institute of Technology (MIT) in den 1950er-Jahren entwickelt. Anfang 1972 veröffentlichte der Thinktank Club of Rome (siehe Glossar) seinen von Donella und Dennis Meadows erstellten, weltberühmten Report *Grenzen des Wachstums*[15], in dem zum ersten Mal auch für die Allgemeinheit verständlich beschrieben wurde, wie die weltweite Wirtschaft und das ökologische System zusammenhängen. In ihrem Modell erklärten sie, was uns heute logisch erscheint, nämlich dass der hohe Rohstoffverbrauch der industrialisierten Staaten auf Kosten der Entwicklungsländer geht und das langfristig zu nichts Gutem führen kann. Mit ihrer Arbeit auf dieser übergeordneten Ebene haben sie es geschafft, dass Menschen, Entscheidungsträger zum ersten Mal in großem Maßstab verstanden, dass die Welt nicht linear ist. Dass unbeschränktes Wachstum unmöglich ist, weil es Größen gibt, die sich gegenseitig beeinflussen. Wo etwas vergrößert wird, muss etwas anderes irgendwann schrumpfen, weil Ressourcen immer endlich sind und Grenzen haben.

Das lässt sich mit System Dynamics ziemlich gut beschreiben. Die Welt wird in ihren großen Zusammenhängen betrachtet, macht uns diese Dynamik bewusst und verändert dadurch im Idealfall unser Verständnis dafür.

Betrachten wir die Bevölkerungsentwicklung, und entwickeln wir ein kleines Modell. Die Anzahl der Bevölkerung wird auf der einen Seite von den Geburten positiv beeinflusst, und je mehr Menschen da sind, umso mehr Geburten gibt es. Auf der anderen Seite wird die Bevölkerung durch die Sterbenden vermindert. Je weniger Menschen es gibt, umso weniger sterben aber auch (absolut – man muss sehr genau darauf achten, ob man von Absolutzahlen spricht oder von relativen Anteilen). Dazu kommt eine Feedbackschleife (siehe Glossar) in Form der Reproduktionsrate, die durch die jeweiligen Raten quantifiziert wird. Es gibt verstärkende und limitierende Effekte. Das sind bereits alle Zusammenhänge für ein einfaches Bevölkerungsmodell.

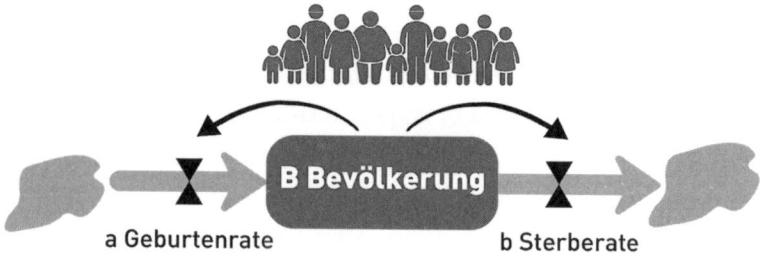

Ein System-Dynamics-Modell (ein sogenanntes Stock-and-Flow-Diagramm), um die Bevölkerungsentwicklung zu modellieren. B ist die aktuelle Bevölkerungszahl, bei a und b handelt es sich um die Geburten- und Sterberate.

In einem System-Dynamics-Modell nehmen wir nicht, wie bei einem agentenbasierten Modell (siehe Covid-19) ein bisschen mehr als 8,9 Millionen einzelne Individuen mit besonderen Eigenschaften in den Blickwinkel, sondern die beiden Summen von 4 388 120 Männern und 4 528 725 Frauen und schauen, was sich daran ändern könnte.[16]

Es ist eine andere Sichtweise.

Elegante Beschreibungen und ein erster Überblick

Mit agentenbasierten Modellen (als Vertreter mikroskopischer Modelle) und System Dynamics (als Beispiel für makroskopische Modelle) haben wir eine grundsätzliche Unterscheidung von Modellen kennengelernt. Eine weitere Unterscheidung war, ob der Zufall mitspielt oder nicht, ob das Modell also stochastisch ist oder deterministisch. Und wir haben diskutiert, dass Modelle nicht unbedingt eine Zeitachse brauchen. Wenn sie eine haben, können wir uns überlegen, wie diese aussehen soll. Auch hier haben wir jede Freiheit: Wir können die Zeit als kontinuierlichen Fluss betrachten oder wir diskretisieren sie und zerhacken sie in gleich lange oder auch unterschiedlich lange Stücke. Schon wieder landen wir bei einer quasi philosophischen Frage. Aber davon wollen wir uns für den Moment nicht ablenken lassen.

Die Frage »Welche Eigenschaft soll mein fertiges Modell haben?« ist wichtig, um ein System abzubilden. Verkehr, Gebäude und die Menschen, die darin arbeiten und wohnen, das Gesundheitssystem – all diese Systeme bestehen aus verschiedensten Untersystemen, die wir sogar möglicherweise mit unterschiedlichen Arten von Modellen abbilden sollten (zu Vergleich und Kombination von Modellen siehe Kapitel 9 und 11).

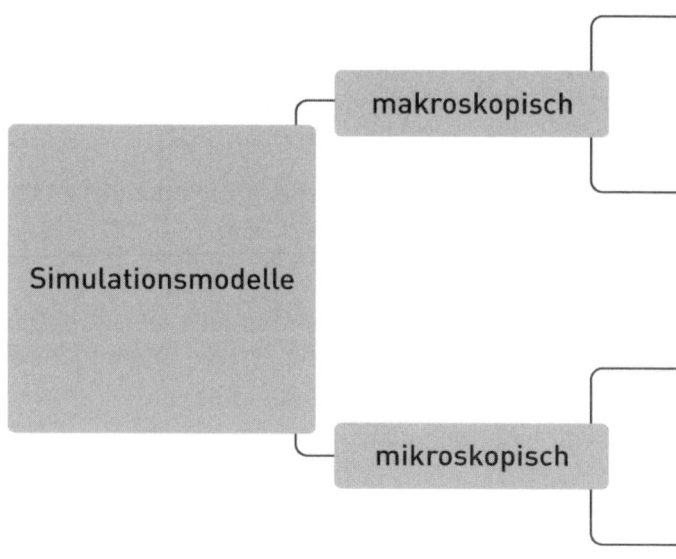

Modellarten beziehungsweise Unterscheidungsmöglichkeiten im Überblick

Eine weitere wichtige Frage ist: »Wie baue ich mein Modell?« Das heißt: Wie komme ich überhaupt zu meinem Simulationsmodell? Hier hat System Dynamics ebenfalls gewisse Vorteile.

Die große Stärke von System Dynamics ist die plakative Art und Weise, in der die Modelle entwickelt werden und darstellbar sind. Mathematisch betrachtet, stecken dahinter Differentialgleichungen – das muss man als Anwender oder Modellierer aber nicht einmal wissen.

Bei einem agentenbasierten Modell besteht die Bevölkerung aus virtuellen Individuen, deren Anzahl sich

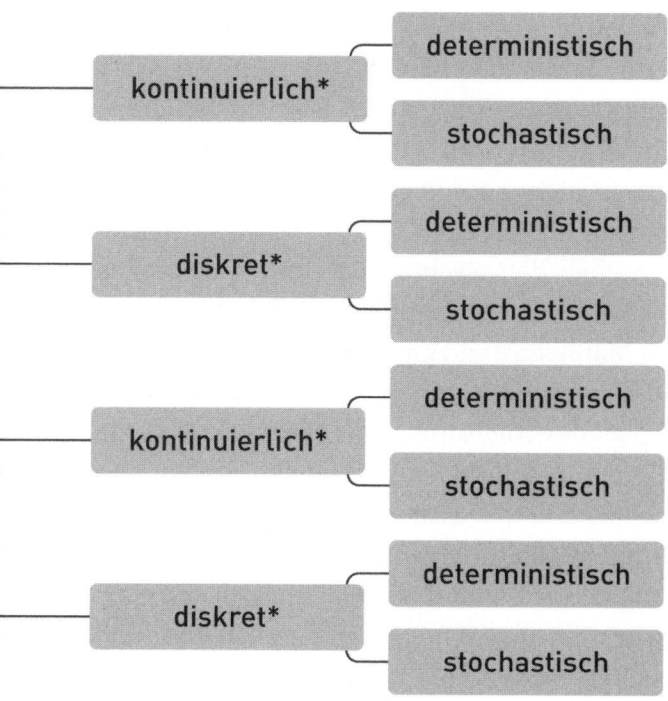

	deterministisch
kontinuierlich*	stochastisch
	deterministisch
diskret*	stochastisch
	deterministisch
kontinuierlich*	stochastisch
	deterministisch
diskret*	stochastisch

*kann sich auf die Zeit oder den Raum beziehen

durch Geburt und Tod verändert, durch Immigration und Emigration, plus und minus. Es kommen virtuelle Individuen dazu oder sie verschwinden – nach klaren und sehr einfachen Regeln. Möchte ich etwa herausfinden, wie sich die Anzahl in der Bevölkerung verändert, zähle ich einfach nach – einmal im Jahr, im Monat oder in der Sekunde.

Bei einer Differentialgleichung funktioniert das anders: Die Änderungen werden derart beschrieben, dass, um bei unserem Beispiel zu bleiben, die Bevölkerung als Variable B beschrieben wird. Die Änderung der Anzahl Menschen wird ab dann als Änderung von B beschrieben, das bezeichnet man als Differential. Aus abzählbaren Individuen wird eine wohldefinierte einzelne Größe, deren Dynamik (eigentlich die Änderung über die Zeit) durch eine mathematische Gleichung beschrieben wird – eine Differentialgleichung. Wir zählen nicht mehr ab, sondern haben eine Formel, die die Dynamik wunderbar elegant ausdrückt. Diese Gleichungen können neben den eigentlichen Größen selbst (zum Beispiel die Bevölkerung) kompliziertere Unterteilungen wie die nach Männern und Frauen, deren Zusammenhang und noch beliebige Faktoren inkludieren, etwa die Geschwindigkeit des Wachstums. Das könnte als Geburtenrate oder Reproduktionsfaktor dargestellt werden, sagen wir 1,4 oder 0,9, mit dem die Änderung beschrieben wird.

Eine Differentialgleichung müssen wir, um einen Absolutbetrag für die Zukunft zu erhalten, also erst einmal lösen, so wie wir ein Modell mit vielen Agenten erst schrittweise abarbeiten müssen. Sie ist die klassische Variante, die seit Newton (siehe Glossar) für die Beschreibung dynamischer Prozesse herangezogen wird, und einer der wichtigsten Durchbrüche der Naturwissenschaft der letzten Jahrhunderte. Differentialgleichungen sind wohl die schönste Art und Weise, die allermeisten dynamischen Prozesse der Welt zu beschreiben, denn sie sind für sich von enormer Eleganz und Schönheit. Allerdings mit einem Schönheitsfehler: Wie schreibe ich die Gleichung hin?

Differentialgleichungen stecken auch hinter den Pfeilen, die wir aufmalen, wenn wir ein System-Dynamics-Modell erstellen, und das erleichtert uns das Leben enorm. Das Modell wird bereits dann gebaut, wenn es nur eine Skizze ist, die aus Buchstaben und Pfeilen besteht. Diese Skizze ist nicht nur eine Veranschaulichung – sie ist mit der geeigneten Software bereits das Modell, das mit den

20 im ersten Schritt   -10 im ersten Schritt

B Bevölkerung

a Geburtenrate   b Sterberate

a = 2 %   Startwert = 1.000   b = 1 %
Nach einem Schritt = 1.010,05
Nach zwei Schritten = 1.020,20

....

Nach 100 Schritten ≈ 2.718

200 im ersten Schritt   -100 im ersten Schritt

B Bevölkerung

a Geburtenrate   b Sterberate

a = 20 %   Startwert = 1.000   b = 10 %
Nach einem Schritt = 1.105,17

....

Nach 10 Schritten ≈ 2.718

....

Nach 100 Schritten ≈ 22.026.465

Das System-Dynamics-Modell wird mit Parametern befüllt. Oben eine »langsame« Dynamik, unten eine »schnelle« Dynamik. Der Unterschied des Wachstums ist beträchtlich.

angegebenen Informationen die Differentialgleichungen automatisch erstellt.

Viel mehr als B, a und b braucht es nicht, dazu noch ein Plus und ein Minus, um den Flow in der Bevölkerungsentwicklung in einer gewissen Zeit abzubilden. Und schon können wir simulieren.

Angenommen, die Geburtenrate a beträgt 2 Prozent, die Sterberate b 1 Prozent und die Bevölkerung B besteht aus 1000 Menschen, dann werden in einer Periode circa 20 Menschen geboren und circa 10 sterben. B ist damit auf 1010,05 Menschen angewachsen. Die Änderung ist also abhängig von der Kombination der drei Werte. Und so geht es weiter. B wächst im nächsten Schritt auf 1020,20 an.[17]

Ein schönes Beispiel, an dem man sehen kann, dass Menschen auch Kommazahlen sein können. Und das dem Modellierer sehr schnell zeigt, dass es zu einem stetigen und irgendwann exponentiellen Wachstum (siehe Glossar) der Bevölkerung kommen wird, gäbe es keine Grenzen. Dabei kann man auch sehen, dass »exponentiell« zwar eine spannende Eigenschaft sein kann – aber auch, wie unterschiedlich diese sein kann. Beim genannten Beispiel hätten wir nach 100 Zeitschritten, als Differentialgleichung gerechnet, noch nicht einmal eine Verdreifachung erreicht (die Bevölkerung läge bei 2718). Würden Geburten- und Sterberate aber stattdessen 20 Prozent und 10 Prozent betragen, würde in der gleichen Zeit die Bevölkerung auf mehr als 22 Millionen ansteigen. In diesem Beispiel wird der Wert 2718 bereits nach 10 Schritten erreicht.

Aber ist es realistisch, dass eine Bevölkerung unendlich lange (und immer schneller) wächst? Oder dass eine Epidemie ewig ansteigt? Natürlich nicht – und da sind wir bei den Grenzen des Wachstums, auch in unserer kleinen

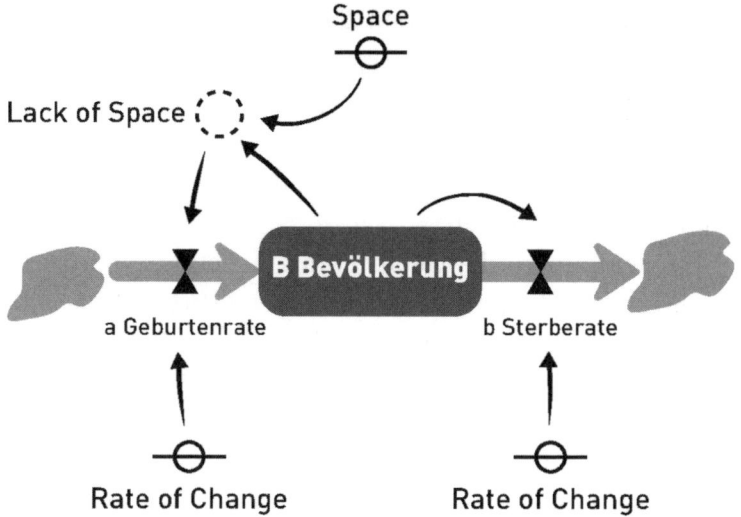

Space

Lack of Space

B Bevölkerung

a Geburtenrate   b Sterberate

Rate of Change   Rate of Change

Mit der Vorgabe eines bestimmten Raumes ist ein weiterer Parameter definiert, der die Geburtenrate wiederum reduziert.

modellierten Welt. Wollen wir erreichen, dass zum Beispiel aufgrund des beschränkten Platzangebotes die Geburtenrate irgendwann sinkt, müssen wir nur einen weiteren Knoten ergänzen, und schon haben wir das Modellproblem gelöst. Statt eines exponentiellen Wachstums erhalten wir logistisches Wachstum (siehe Glossar).

Mit einer derart einfachen und flexiblen Art, ein Modell zu »entwickeln«, ist es uns möglich, etwas, das mathematisch eine relativ komplizierte Formel ergeben würde, ganz einfach umzusetzen. Darin steckt eine große Stärke von System-Dynamics-Modellen: Fachübergreifend können dynamische Prozesse abgebildet werden, beispielsweise als Übersetzungshilfe zwischen Mathematik und Medizin. Genau wie zur Frage der Modelleigenschaften können wir uns nun auch den Überblick ansehen, wie wir unser Modell bauen können:

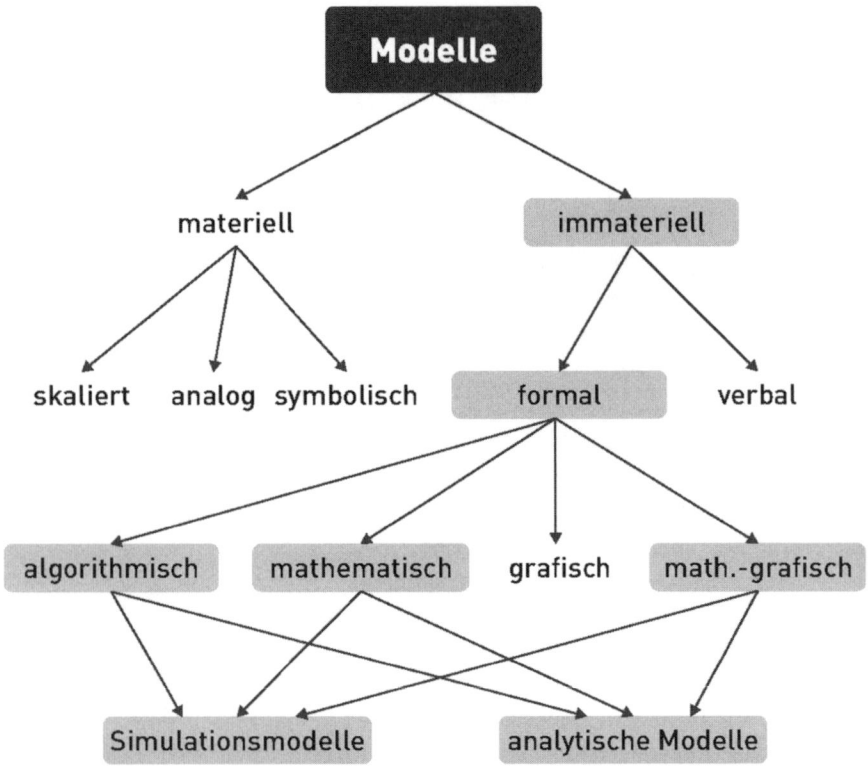

Wir verwendeten System-Dynamics-Modelle, als die Drahtwarenhandlung begann, mit dem Hauptverband der österreichischen Sozialversicherungsträger (heute dem Dachverband) zusammenzuarbeiten. Für die unterschiedlichsten Bereiche begannen wir damals dynamische Zusammenhänge abzubilden.

Zum Beispiel, um zu verstehen, wie sich Diabetes in den nächsten Jahrzehnten in Österreich entwickeln würde. Oder wie sich Adipositas in der österreichischen Bevölkerung ausbreitet. Beides wurde auf Basis eines wie oben beschriebenen Bevölkerungsmodells umgesetzt und schrittweise erweitert. Der Versuch, die Welt nach-

Ausgehend vom allgemeinen Begriff
»Modell« schließen wir alle materiellen
Varianten aus. Bei den immateriellen
beschränken wir uns auf formale.
Und hier können wir nun zwischen
algorithmischen (Computerprogrammen),
mathematischen (Differentialgleichungen)
und mathematisch-grafischen (System
Dynamics) unterscheiden. Modelle, die
wir mit Zettel und Papier lösen könnten,
heißen analytische Modelle.

zubauen und zu verstehen, was passiert, wenn sich die
Strategie bei der Behandlung von Erkrankungen ändert,
war damals noch keine weitverbreitete und gängige
Methode.

Neben dem Vorteil, dass das mit System Dynamics
ganz klar und einfach umzusetzen ist, war auch die
Möglichkeit, Was-wäre-wenn-Spielchen zu spielen,
dabei sehr wichtig. Was wäre, wenn wir in der Diabetes-
Prävention die Hälfte aller Hospitalisierungen verhindern könnten? Was, wenn wir frühzeitig Menschen
motivieren könnten, mehr Sport zu machen oder gesün-
der zu essen?

Biomilch ist teurer als die sogenannte konventionelle Milch. Welche soll ich kaufen? Der Bus kommt, ich bin auf der anderen Straßenseite. Lohnt es sich, zu laufen? Fragen wie diese beantworten wir aus dem Bauch heraus, aus dem einfachen Grund, weil wir es nicht ausrechnen können. Deshalb schätzen wir. Wir wissen von Bildungsforschern wie Gerd Gigerenzer (siehe Glossar) und aus der Forschung der Entwicklungspsychologie, dass wir evolutionär in solchen Situationen immer noch oft aus dem Bauch entscheiden.[18] Der Grund dafür ist, dass wir schlicht und einfach nicht wissen, was gescheiter ist, weil die verfügbaren Informationen widersprüchlich oder unsicher beziehungsweise einfach zu kompliziert sind. Würden wir uns drei Tage hinsetzen und nachforschen und rechnen, wüssten wir vielleicht mit Sicherheit, was zu tun ist. Im Moment treffen wir eine seit Jahrtausenden angewöhnte Bauchentscheidung. Die, auch das Erkenntnis der Forschung, überraschend oft ziemlich gut ausgeht.

Genau an diesem Punkt (natürlich nicht für wirkliche Ad-hoc-Entscheidungen, aber doch für kurzfristige Herausforderungen) setzen wir mit System Dynamics an: Mit Modellen dieser Art, die auch in der Zusammenarbeit mit Nichtmathematikern einsetzbar sind, erzeugen wir eine Art Brille, durch die das plausible Nachvollziehen in einem sehr komplexen Bereich möglich wird. Wir können sehr wenige Dinge mit den Händen abzählen. Und gerade speziell dynamische, komplexe Systeme können wir nicht einschätzen, weil wir sie nicht mit unserer evolutionären Erfahrung, unserem Bauchgefühl, erklären können. Themen wie die Endlichkeit von Ressourcen, den Klimawandel oder warum es schlau ist, sich gegen das Coronavirus impfen zu lassen. In diesen Bereichen konnte man früh sehen, dass man mit System-Dynamics-Modellen die sehr komplexen Zusammenhänge veranschaulichen und Menschen dazu bringen kann, sie zu verstehen. Ganz ohne komplizierte Formeln.

Das ist auch der Grund, warum wir mit System Dynamics unsere Studierenden »quälen« (wie übrigens mit allen in diesem Buch angesprochenen Modellmethoden). Wir betreuten und betreuen an der Universität eine große Vielfalt an Menschen aus verschiedenen Studienfächern: Mathematik, Informatik, Biomedical Engineering, aber auch – in Kooperation mit den jeweiligen Fakultäten – aus anderen Studienrichtungen wie Mechanik oder Elektrotechnik. System Dynamics ist eine geniale Methode, wie man Studierenden, die nicht aus der Mathematik oder anderen einschlägigen Studienzweigen kommen und mit Differentialgleichungen hantieren können, zeigen kann, wie Feedbackschleifen funktionieren, warum Prozesse nicht linear sind, wann ein System stabil ist und wann es entgleisen könnte.

Dazu eignen sich ganz einfache Systeme wie die oben genannten Räuber-Beute-Systeme. Wenn etwa Füchse und Hasen sich im Wald Gute Nacht sagen, dann beschreibt ein System-Dynamics-Modell perfekt, warum die Lösung des Systems meist oszillieren wird, also manchmal die Füchse Oberwasser haben und dann wieder die Hasen, unter welchen Bedingungen eine Population ausstirbt und welche eigentlich die schwächere ist und was passiert und wie kompliziert es wird, wenn der Mensch ins Ökosystem eingreift, beispielsweise durch

Jagen der Füchse, mit dem Ziel, das Gleichgewicht herzustellen.

Ein weiteres Beispiel sind die bereits kurz erwähnten Fischpopulationen. Wir schauen uns in sehr einfachen Modellen für die Lehre an, wie unterschiedliche Fischpopulationen miteinander koexistieren und was passiert, wenn die Fischer zum Beispiel gewisse Fischarten lieber essen oder es mehr Geld am Fischmarkt bringt, diese zu fangen. Die Erkenntnis: Dann verschwindet eine Art und wird durch andere mit anderen Eigenschaften ersetzt. Ein Umstand, der uns in einem ganz anderen Bereich die entscheidende Einsicht gebracht hat (mehr dazu Kapitel 4) und mich und meinen Kollegen Martin Bicher als Gastforscher nach Rostock an die Nordsee.

System-Dynamics-Modelle helfen uns, unsere Welt besser zu verstehen. Das ist die Triebkraft dafür, dass wir solche Modelle immer wieder einsetzen.

Ein weiteres Problem gibt es aber auch noch: Einfach beschreiben ist nicht lösen.

Leider gibt es für viele Differentialgleichungen keine explizite Lösung, man kann sie also nicht mit Zettel und Papier auflösen. Das gilt bereits für auf den ersten Blick recht einfach und anschaulich wirkende Probleme wie das Dreikörperproblem (siehe Glossar) in der Himmelsmechanik oder das Doppelpendel (siehe Glossar). Deshalb gibt es die Wissenschaft zur Erforschung näherungsweiser Lösungen mittels numerischer Verfahren. Die Frage »Wie berechne ich mein Modell?« wird uns also als dritte Frage noch beschäftigen. Daten, Daten, Daten!

Als der Club of Rome die *Grenzen des Wachstums* aufzeigte, war er weit davon entfernt, genaue Daten zu all den Prozessen zu kennen, die abgebildet werden sollten. Das war auch gar nicht notwendig. Man muss nicht alle Daten kennen, um ein System-Dynamics-Modell zu erstellen. Es gibt ein systemisches Verhalten, das immer gleich ist und unabhängig von Zahlen. Es geht in manchen Phasen schneller oder langsamer vonstatten, die Art und Weise, wie die Feedbackschleifen sich darstellen. Ob sie stabilisierend, auf- oder abbauend sind, bleibt aber immer gleich. Mit unterschiedlichen Parametern kann man dann experimentieren und herausfinden, was sich am Verhalten ändert.

Das Modell des Club of Rome hat geholfen, die Zusammenhänge zu verstehen, auch wenn die Daten manchmal fehlten. Es half dabei, dass die Menschen etwas verstanden – es erscheint uns vielleicht heute nicht mehr nachvollziehbar, dass dieses Verständnis gefehlt hatte –, nämlich dass das Wachstum nicht unendlich lange linear weitergehen kann (heute ist das Problem wohl eher, dass wir es nicht wahrhaben wollen). System-Dynamics-Modelle haben das ermöglicht.

Das Modell des Club of Rome, also der Ansatz, kausale Modelle zu bauen, war damals mangels Daten nicht wirklich für Prognosen geeignet, es war ein qualitatives Modell. Es gab im Vergleich zu heute nur sehr wenige Satellitendaten, es fehlten laufende Erhebungen zu ökonomischen oder ökologischen Parametern und vieles mehr. Heute stehen etwa im Bereich der Wetterprognosen genügend Daten zur Verfügung, und man berechnet mit dem kausalen Modell quantitative Modelle, erstellt Prognosen nicht nur für einen Tag, sondern für fünf Tage sehr stabil.

In anderen Bereichen hat sich so etwas wie eine Gegenbewegung dazu etabliert, die auf kausale Zusammenhänge verzichtet und meint, es reicht, nur noch auf die Daten zu schauen. Unternehmen oder Staaten, die über Daten verfügen, glauben, dass sie mithilfe von künstlicher Intelligenz aus diesen nun alles herauslesen können. Darin zeigt sich ein Problem der letzten Jahre: Wir haben uns zu sehr darauf verlassen, dass Computer alles ausrechnen – bis hin zu Fragen, welche Kandidatin oder welcher Kandidat, der eine Arbeit sucht, auf Basis der AMS-Daten für den Job die höchsten Chancen hat. Oder in den USA, ob jemand, der aus dem Gefängnis entlassen wurde, resozialisierbar ist. Zu beobachten ist der Wegfall des Ansatzes, ein Werkzeug zu haben, das Zusammenhänge aufzeigt, das dabei hilft, die Kausalitäten der Welt besser zu verstehen. Stattdessen ist der Ansatz heute oft der, nur möglichst viele Daten zu haben – von Google, von Kundenkarten ... – und dann verstehen zu können, wie die Welt funktioniert. Nur so einfach ist es leider nicht. Es erinnert mich ein wenig an den ersten Teil des Platon'schen Höhlengleichnisses – ein digitaler Schatten aus Einsen und Nullen, der uns als Realität erscheint. Der Glaube, daraus etwas verstehen zu können, ist naiv.

Ich denke, dass Daten und Modelle zusammenkommen müssen. Der Versuch, die Welt kausal zu verstehen, hat mit System Dynamics begonnen und wird heute mit Daten parametrisiert (befüllt). All unsere Modelle werden unter folgendem »Leitmotiv« gebaut: Bekommen wir Daten zur Verfügung gestellt, sollten unsere Modelle in der Lage sein, diese Daten sogleich zu integrieren. Daten und Modelle sollten zusammenarbeiten, egal ob es dann System Dynamics ist oder eine andere Methode.

Das ist vielleicht auch der Grund, warum ich 2018 an der Technischen Universität Wien von der Fakultät für

Mathematik (und Geodäsie) an die Fakultät für Informatik gewechselt habe. Mittlerweile bin ich an beiden Fakultäten beschäftigt, quasi halbe-halbe. Die Kooperation macht's aus. Natürlich gilt das Platon'sche Gleichnis auch hier. Der Weg weg von den Schatten ist mühselig und wird nie an ein »Ziel« führen (wir scheitern also auch mit unseren kausalen Modellen natürlich immer), aber gemeinsam werden wir etwas schlauer, ganz egal ob uns das erschreckt – wie im Höhlengleichnis – oder nicht. Entscheidend ist, dass man den Weg gemeinsam geht. Kritik und Weiterentwicklung.

Das an sich einfache Bevölkerungsmodell, das wir kennengelernt haben, wird durch die Integration von sehr vielen Daten und vielen Submodellen natürlich beeinflusst. Es gibt viele Faktoren, die etwa die Reproduktions- oder Sterberate beeinflussen. Diese Faktoren können in Submodelle einfließen, die zeigen, dass diese Raten keine fixen Werte haben, sondern schwanken. Genau hier setzt die Kritik an Modellen an: Woher wollt ihr wissen, dass sich die Menschen genau so verhalten werden?

Ja, zugegeben: Das Verhalten von Menschen ist unheimlich kompliziert. Es wird nicht genau so sein, wie das Modell es vorhersagt. Das stimmt vermutlich. Aber das Modell gibt eine ziemlich gute Einschätzung, wie es sein könnte. Die Alternative wäre, ein Modell zu erstellen, das so einfach ist, dass man sich sicher ist, dass es zwar »stimmt«, aber die Frage, die wir uns stellen, nicht ausreichend beantworten kann. Das ist, finde ich, auch keine Lösung.

Gerade die Wirkung von gewissen Handlungen, die man nicht auf Individuen-Ebene kennen kann, sondern nur grob abschätzbar ist, kann mit System Dynamics gut abgebildet werden. Für eine Hypothese, wie die Geburten-rate gehoben werden kann und was das dann bewirkt, muss das Modell nicht auf individueller Ebene genau sein, es reicht, wenn es auf Bevölkerungsgruppen herunter-gebrochen wird.

Man könnte natürlich sagen, bei System Dynamics gehe es ums Grobe. Dafür ist es aber sehr gut dafür geeignet, Wirkungsmechanismen zu analysieren und grundsätzliche Dynamiken gut zu beschreiben. Seit Jah-ren üben wir in der Drahtwarenhandlung genau das. Modellieren ist nicht nur reines Lernen und Anwenden von Wissenschaft – sondern auch Üben. Wie ein Musik-instrument oder ein Handwerk. Wer wie wir Hunderte Modelle gebaut hat, wird gewisse Fertigkeiten erlangen, gewisse Fehler nicht mehr machen, dafür andere, ganz Neue. Das macht es so spannend.

Kapitel 4
Das Gesundheitssystem

Porsche, Payers, Providers und Patients

Es klopft an der gläsernen Eingangstür der Drahtwarenhandlung. Draußen steht eine ältere Dame,
sie hat ein Sackerl in der Hand. Niki öffnet ihr und nimmt
es entgegen. Darin liegt ein Laptop für Michael, er soll ihn
reparieren. So sei er halt, der Michi, sagt Niki Popper, Chef
von 20 Mitarbeiterinnen und Mitarbeitern. Trotz allem findet er die Zeit, für so manchen den Computer zu reparieren. Berühmte Journalisten sollen dabei sein, alte Freunde,
auch ein befreundeter Restaurator und Vater eines ehemaligen Schulkollegen.

»Herr Popper«, fragt die Dame mit banger Stimme,
»wie wird alles werden? Wird alles gut werden?« Sie
schaut ein wenig ängstlich zu ihm auf, als er ihr das Sackerl
abnimmt. Ihre Hände legen sich um seinen Arm. Sie meint
mit »alles« die Coronavirus-Pandemie. »Alles wird gut«,
sagt Niki Popper mit tiefem, seinem besänftigendstem
Tonfall. Die Dame lächelt und geht beruhigt und zufrieden
mit diesen Aussichten. Auch wenn Niki Popper nicht ganz
glücklich ist über seine wissenschaftliche Analyse –
manchmal ist für eine Prognose auch entscheidend, wer
in welcher Situation was fragt.

Das hat sich seit den ersten Projekten im Bereich
Gesundheit, das die dwh modellierte, nicht geändert. Es
waren anfangs, wie erwähnt, kleine Projekte, die für den
Hauptverband der österreichischen Sozialversicherungs-

träger übernommen wurden. Es hatte sich herumgesprochen, dass es da diese Gruppe von Menschen gab irgendwo zwischen der Technischen Universität Wien und dem 7. Wiener Gemeindebezirk, die schon Modelle gebaut hatte – von springenden Bällen und Straßenverkehr etwa (dazu später mehr) – und die sich dafür interessierte, zu untersuchen, wie es möglich ist, die Realität in einem Modell abzubilden. Und so kam der Hauptverband mit folgender Frage auf Niki Popper zu:»Können wir gemeinsam modellieren, welche Maßnahmen dabei helfen würden, den Zeitpunkt, an dem Menschen an Diabetes erkranken, nach hinten zu verschieben?« Schnell war klar, dass dahinter große, weitaus spannendere Fragen standen: Wie funktioniert das Gesundheitssystem? Welche Prozesse gibt es? Wie sind die Kosten, und was ist der Nutzen?

Es war für Niki Popper und seine Mitarbeiter und Mitarbeiterinnen der erste Schritt in dieses Themenfeld. Sie bearbeiteten in der Folge viele kleine und große Fragen für den Hauptverband und lernten eine Menge. Nicht nur über das Gesundheitssystem, sondern auch darüber, wie sich in diesem Bereich Modelle einsetzen lassen.

Ironischerweise war es zugleich ein Themenfeld, das Niki Popper stets gemieden hatte. Schon in seiner Zeit als ORF-Journalist machte er einen größtmöglichen Bogen um jedes Medizin-Thema, drückte sich, wo immer es möglich war, um Beiträge aus diesem Bereich. Der Grund war, dass dabei natürlich Interessen mitschwingen: Therapien sollen im besten Licht dargestellt werden, der Nutzen von Operationen soll bebildert werden.»Selbstverständlich kann man genau recherchieren, sich Daten anschauen, aber innerhalb eines Nachmittags war es zumindest für mich unmöglich, mir für einen ›Zeit im Bild‹-Beitrag ein

Gesamtbild zu verschaffen und objektiv zu berichten. Dazu muss man jahrelange Erfahrung haben, wissen, welche Therapien wo, wie und warum eingesetzt werden. Wo die echten Probleme in der Behandlung liegen und wie die Sichtweise der Patientinnen und Patienten ist«, sagt er.»Und da gab es damals viel erfahrenere Kolleginnen und Kollegen in der Wissenschaftsredaktion. Doch wie es oft so kommt im Leben, stellte sich ausgerechnet dieser Themenbereich als zugleich erfolgreichster wie komplizierтester heraus. Es bedurfte allerdings jahrelanger Studien, Recherche, Forschungs- und Entwicklungsarbeit, um diese Arbeit gut zu machen.«

Die TU-HVB-dwh-Kooperation

Von Anfang an dabei war Günther Zauner. Er lernte Niki Popper kennen, als beide noch Studenten an der Technischen Universität Wien waren, bei einer Vorlesung von Felix Breitenecker, jenem Professor, der der Ausgangspunkt für die enge und bis heute andauernde Verbundenheit von TU und dwh ist.

Abgesehen von seinem Fachwissen, verfügt Günther über ein sehr gutes Gedächtnis, kann Jahres-, sogar Monatszahlen über die erste Zeit der Drahtwarenhandlung und der dwh aus dem Effeff aufsagen. So weiß er genau, wann er Niki Popper zum ersten Mal begegnete, nämlich im Oktober 2001. Günther studierte im dritten Semester Mathematik und besuchte eine Vorlesung von Professor Breitenecker zu *Regelungsmathematischen Modellen in der Medizin*. Niki Popper, damals selbst kurz vor dem Studienabschluss, durfte vortragen, wenige Tage, bevor er die Universität für eine ganze Zeit verließ. Ein Zufall, wie so oft im Leben. So lernten sie sich kennen, und letztlich entstand daraus ihre Zusammenarbeit, die bis heute besteht.

»Angefangen hat es 2005, im Februar«, erinnert sich Günther. »Ich war damals in Slowenien auf einem Austauschsemester, bin aber für ein Seminar nach Wien gekommen.« Bei diesem Seminar trug Niki Popper als externer Vortragender über System Dynamics vor. Und Günther wurde gefragt, ob er nicht dazu eine Diplomarbeit schreiben wolle. »Es ging dabei um eine System Dynamics Library zur Abbildung des Gesundheitssystems.« Daraus entstand nicht nur die Diplomarbeit, sondern auch sein Job in der dwh, den er kurz darauf antrat.

Er erinnert sich auch genau, wann seine Zeit hier begann, nämlich am 1. Juli 2006. Und abgesehen davon, dass er mithalf, Kabel zu verlegen, Steckdosen zu installieren und ein Loch für das Kabel der Server-Klimaanlage in eine der alten, dicken Mauern zu bohren, betreuten er und Niki Popper unter der Aufsicht von Felix Breitenecker geraume Zeit später die ersten Diplomanden aus dem Medizin-Bereich, gefolgt von den ersten Praktikanten, die System-Dynamics-Modelle für die Gesundheitssystem-Finanzierung in Österreich entwickelten.

Es folgten erste größere Vorträge und Projekte. Das war der Startpunkt für die Kooperation von Technischer Universität Wien, dwh und Vertretern des Gesundheitssystems. Wie das Pneumokokken-Projekt.

»Im Prinzip ging es beim Pneumokokken-Projekt darum, dass verschiedene Impfstoffe auf dem Markt waren, und um die Frage, ob die Impfung für Kinder vom Gesundheitssystem – dem sogenannten Payer – bezahlt werden sollte«, sagt Günther. »Einer der Hersteller hatte ein Modell, das die Wirksamkeit abbildete. Man einigte sich aber darauf, dass wir gemeinsam mit dem Unternehmen, seinen wissenschaftlichen Beratern und dem Hauptverband den Einsatz zusätzlich unabhängig evaluieren sollten. Wir schauten uns ihr Modell also genau an.« Und sie stellten fest, wo es Verbesserungsmöglichkeiten gab, warum möglicherweise die Abbildung der Realität in einem entscheidenden Punkt nicht genau genug war.

»Der Hersteller des Impfstoffes arbeitete mit einem Markov-Modell, einem Modell, in dem pro Berechnungszeitraum eine Wahrscheinlichkeitsmatrix mit unterschiedlichen Werten multipliziert wird.« Empfängliche, Träger, Erkrankungen. »Der Hersteller hatte in seinem Modell alle diese Faktoren aber als konstant angenommen, obwohl sie in Wirklichkeit sehr dynamisch sind, das heißt, dass der Effekt von der Änderung des Systems selbst abhängt.«

Speziell ein Punkt fiel dem Team auf. Bei Pneumokokken gibt es circa 90 relevante Serotypen, also Untergruppen. Dabei sind einige wenige für die meisten Krankheiten verantwortlich. Es erscheint also logisch zu sein, genau gegen diese zu impfen, der Rest ist ja nach Datenanalyse ohnehin weniger gefährlich.

»Wir erinnerten uns an ökologische Systeme und dachten uns, dass wohl eine Population den Platz der anderen einnehmen würde, wenn sie Platz dazu bekommt«, sagt Günther Zauner. Diese Erkenntnis hört sich heute so einfach an, damals war aber eine Menge zu erarbeiten. »Wir konnten zeigen, dass die Standardmodelle aus der Literatur hier nicht funktionierten, probierten es mit System

Dynamics und Differentialgleichungen und rechneten es dann mit einem agentenbasierten Modell, also auf Ebene einzelner Personen mit sozialer Interaktion.«

Die Arbeit der »Dreifachmodellierung« war nicht umsonst. Es stellte sich heraus, dass das Differentialgleichungsmodell am besten geeignet war, Vergleiche mit dem ursprünglichen Modell anzustellen und überhaupt zeigen zu können, warum eines besser und das andere schlechter ist.

»Damals ging es bei dem Impfstoff um eine Investition von etwa zehn Millionen Euro pro Jahr. Es gab eine Menge an Kennzahlen zu bewerten, um zu erkennen, ob eine solche Investition sinnvoll ist.« Rund 300 Papers durchforstete Günther Zauner mit seinen Kollegen Christoph Urach, Patrick Einzinger und Florian Miksch zum Thema Pneumokokken und deren Ausbreitung. Florian und Patrick zog es weg aus der Drahtwarenhandlung. Bis heute sind er und Christoph aber die ersten Ansprechpartner, wenn es in der dwh darum geht, Therapien und Interventionen im Gesundheitssystem zu bewerten. Ein wichtiger Aspekt, als es daranging, Covid-19 zu modellieren.

Nichtkapitalistisch?

Was das Komplizierte beim Gesundheitsbereich ist, erklärt Niki Popper anhand eines rosaroten Porsches:»Wenn ich dir einen rosaroten Porsche für vier Millionen Euro anbiete, du ihn unbedingt haben willst und es schaffst, das Geld aufzustellen, kaufst du ihn.« Das ist eine einfache, wenn auch kostspielige Transaktion, die der Kapitalismus ganz unkompliziert regelt.»Legst du vier Millionen Euro auf den

Tisch, bekommst du deinen rosaroten Flitzer. Ein Zweierverhältnis zwischen Verkäufer und Käufer.« Im Gesundheitssystem läuft das weitaus komplizierter ab, weil es von einem Dreierverhältnis geprägt ist. Es gibt die Zahler (»Payer«), das sind Sozialversicherungen und der Staat, die für Leistungen der »Provider« (also zum Beispiel Pharmafirmen) bezahlen, die den »Patients« zugutekommen.

Die Patienten wissen nicht uneingeschränkt, was sie möchten oder brauchen. Sie möchten gesund werden oder bleiben und haben Erfahrungen, was ihnen guttut. Freunde oder Doktor Google sagen ihnen, was am besten für sie wäre. Aber was ist objektiv das Beste? Der Provider wiederum möchte möglichst fair für seine Leistung bezahlt werden. Andere sagen, er möchte maximal bezahlt werden, wenn dieser Provider zum Beispiel durch seine wirtschaftliche Organisationsform angeleitet ist, den Gewinn zu maximieren.

Die Payer wiederum – der Staat, die Sozialversicherungen oder eine Mischung daraus – haben die seltsamste Position, denn sie müssen entscheiden, was die Patients bekommen. Sie sollen einerseits Objektivität reinbringen, was am besten ist für die Patients, andererseits sollen sie herausfinden, welcher Preis für den Provider gerechtfertigt ist. Sie können das aber nicht nach dem kapitalistischen Rosaroter-Porsche-Prinzip erledigen, sondern sollten dies nach dem Evidenz-Prinzip tun. Außerdem müssen die Payer mit beschränkten Mitteln auskommen und sollten diese im Sinne von uns allen möglichst effizient einsetzen.

Kauft ein Patient sich ein homöopathisches Mittel oder eine Pflegesalbe, etwa gegen Rheuma, in der Apotheke, ist das eine Sache zwischen Käufer und Verkäufer. Niemand wird sich aufregen, solange das gekaufte Produkt nicht schädlich ist. Ob es nutzt, ist dabei grundsätzlich egal, der Nutzen muss auch nicht bewiesen werden. Zahlt aber der Payer mit seinem – unser aller – Geld für den Patienten, muss verhindert werden, dass er teuren, wirkungslosen Mist bekommt. Das bedeutet: Anders als beim direkten Käufer-Verkäufer-Rosaroter-Porsche-Verhältnis muss diese Transaktion objektiviert werden, auf Evidenz basieren, also eine nachgewiesene Wirksamkeit haben.

Zu der Zeit, als die dwh ihre ersten Modelle im Gesundheitsbereich baute, etablierte sich die evidenzbasierte Medizin (siehe Glossar) gerade in Österreich, mit einer Zeitverzögerung zu England, den Niederlanden und Skandinavien, wo sich diese neben der Arzt-Expertise schon etabliert hatte.

2006 wurde das Ludwig Boltzmann Institut für Health Technology Assessment (heute AIHTA) unter der Leitung von Claudia Wild gegründet, mit dem Niki Popper und seine Gruppe oft zusammenarbeiten sollten. Uwe Siebert (UMIT Privatuniversität), mit dem Niki in den folgenden Jahren nicht nur eine enge Kooperation, sondern auch Freundschaft verbinden sollte, kam 2005 von der Harvard University nach Österreich. Gemeinsam mit vielen anderen startete man den Versuch, das Gesundheitssystem auf gesamter Ebene zu verstehen, und ging konkret der Frage nach: Wirkt das Rheumamittel oder die Therapie überhaupt?[19] Und zwar nicht nur für die Tante Mizzi, sondern für alle Zigtausend Rheumapatientinnen und Rheumapatienten in Österreich. Bekommen alle mit denselben Symptomen ein Medikament, aber einer großen Zahl geht es damit nicht besser, muss sich das im Sinne der Allgemeinheit und der Patienten ändern.

Es war ein Zufall, dass sich die evidenzbasierte Medizin in Österreich gerade zu jener Zeit etablierte, als Niki Popper und der Rest der dwh lernten, solche Dinge zu modellieren. Die gesamte Disziplin entwickelte sich seither weiter und mit ihr die dwh, mit ihren Methoden der Modellierung und Bewertung, die sich »Modellbasiertes Health Technology Assessment« nennt. Es war ihr Einstieg in das Gesundheitssystem.

Darauf folgten weitere Projekte für verschiedene Fragestellungen. Niki Popper erinnert sich an den Prozess der schrittweisen Annäherung, in dem die Vertreter des Hauptverbandes etwa fragten: »Wie schaut es aus? Was wissen wir konkret über die Diabetes-Versorgung?«, und er antwortete: »Man könnte sich auch überlegen, wie es in 20 Jahren damit ausschaut! Wir müssten uns den Istzustand anschauen, Hypothesen aufstellen und mit einem gewissen Zeithorizont rechnen.«[20] Einen Zeitraum von 20 Jahren bei Diabetes und vier Wochen bei einer Grippe-Welle zu betrachten, war eine Idee, die damals – 2006 – neu war und für nicht machbar gehalten wurde. Schließlich gab es keine Daten und damit auch nicht die Notwendigkeit für ein Modell, in das man Daten einpflegen hätte können.

Eine (ausschließlich wissenschaftliche) Goldgrube

Das größte Problem: Man hat mit sehr, sehr vielen Daten zu tun. Das Gute: Der Hauptverband sollte schon bald die damals beste Forschungsdatenbank Österreichs aufbauen, basierend auf den für die Abrechnung seiner Leistungen nötigen Daten. Diese Datenbank stellte er nach Abklärung aller datenschutzrechtlichen Aspekte temporär Forschungsgruppen in Österreich für deren Arbeit zur Verfügung, um neue Methoden zu entwickeln.

Anonymisierte Daten aus den Jahren 2006 und 2007, eine große Zahl an Abrechnungsdaten von Österreich, konnten mit weiteren Daten wie beispielsweise Verschreibungen für konkrete Forschungsfragen zusammengeführt werden und sollten dazu beitragen, besser zu verstehen, wie das Gesundheitssystem funktioniert.»Ein wenig deprimierend ist, dass dieser Ansatz nun gut 15 Jahre zurückliegt und wir im Rahmen der Covid-19-Krise fast täglich Berichte lesen müssen, warum welche Datenprozesse nicht so gut funktionieren«, sagt Niki.»Da steht dann: Man müsste das jetzt wirklich angehen ...«

Wichtig ist jedoch, die Erfolge nicht zu übersehen. So wurde 2014 von Technischer Universität Wien, dwh, Hauptverband und vielen weiteren Partnern DEXHELPP gegründet. DEXHELPP steht für Decision Support for Health Policy and Planning (wofür das X steht, bleibt ein Geheimnis, schuld ist aber Heinz Katschnig, ehemaliger Vorstand der Universitätsklinik für Psychiatrie an der Medizinischen Universität Wien, ein weiterer enger Kooperationspartner der Gruppe, der den Namen erfunden hat). DEXHELPP betrieb die Forschungsdatenbank des Hauptverbands, die auf den Daten aus den Jahren 2006 und 2007 beruhte, über viele Jahre, es konnten viele Projekte umgesetzt und viele Publikationen verfasst werden. Zu guter Letzt wurden die Datenbank und alle zugehörigen Daten der DSVGO folgend gelöscht.

Dennoch:»Eine wissenschaftliche Goldgrube« nennt sie Niki Popper,»weil darin das gesamte Gesundheitssystem von zwei Jahren vollständig erfasst war und wir hervorragende Methoden entwickeln konnten.« Wichtig ist aber, dass diese Daten niemals für irgendwelche ökonomischen Zwecke genutzt wurden.»Vertrauen ist dabei ganz wichtig. Wäre auch nur ein Mal ein Datensatz, selbst nur aus Versehen, unkontrolliert rausgegangen, hätten wir gleich zusperren können«, so Niki. Entwickelt wurden neben sicheren Prozessen zur Verarbeitung (gemeinsam mit der SBA Secure Business Austria) vor allem Methoden, um noch fehlende Puzzlesteine zu ergänzen. Eine Aufgabe, die auch heute noch – leider – wichtig ist. Manchmal muss man zum Beispiel nicht vorhandene Daten durch schlaue Ideen ersetzen. Leistungen, die abgerechnet wurden, und verschriebene Medikamente sind wichtig, aber im niedergelassenen Bereich werden beispielsweise keine Diagnosen erfasst. Das bedeutet, dass man zwar weiß, was jemand verschrieben bekommt und wie er behandelt wird, aber nicht, welche Krankheit er oder sie hat. Die Technische Universität Wien (mit Peter Filzmoser) entwickelte daher gemeinsam mit der dwh ein Projekt, das es möglich machte, von diesen Verschreibungen und Leistungen auf die Diagnose zurückzurechnen. Das funktioniert manchmal besser (zum Beispiel für Diabetes) und manchmal schlechter, aber eines hat das dwh-Team gelernt: Man darf nicht jammern und sich beschweren, sondern muss Ideen haben, wie man, so gut es geht, mit jenen Daten auskommt, die es eben gibt.

»Auf Basis dieser Daten konnten wir viele Algorithmen entwickeln«, sagt Günther. Nicht nur die dwh und andere Partner in DEXHELPP, auch viele ihrer Forschungspartner konnten mit der Datenbank arbeiten. Dank ihr entwickelten sie ihre Methoden, die sie weiter und weiter

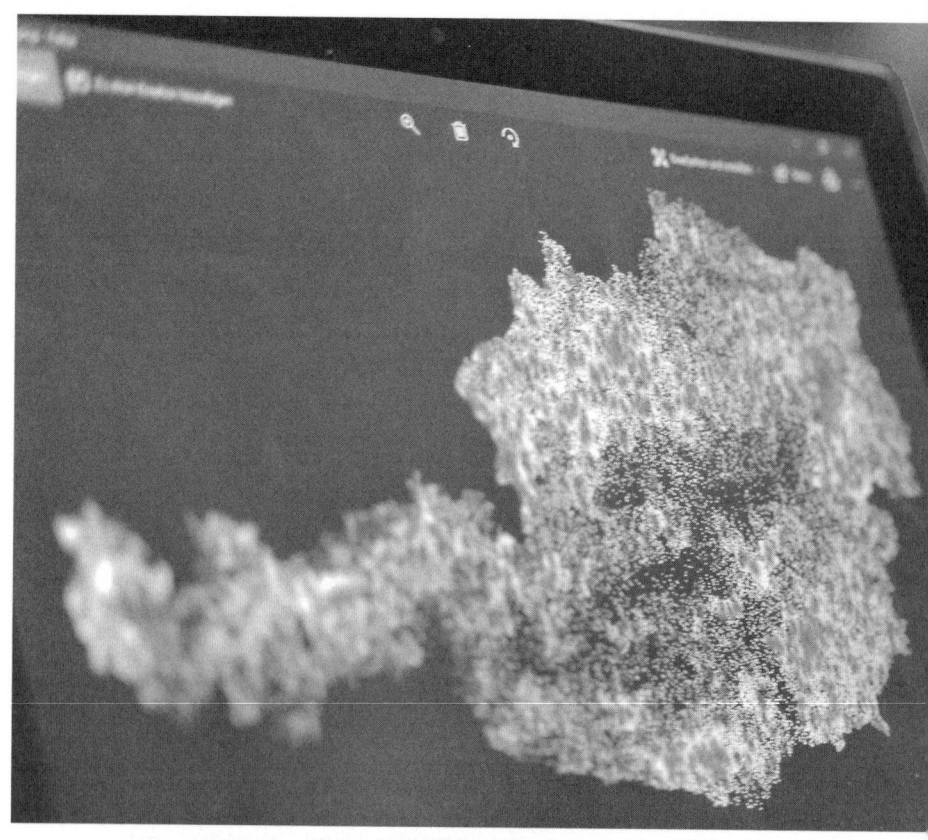

Das virtuelle Österreich-Modell kann mit unterschiedlichen Daten parametrisiert werden. Hier zum Beispiel mit der Versorgungssituation durch niedergelassene Ärzte.

voranbrachten und anhand derer sie lernten, wie man eine virtuelle Bevölkerung mit Daten füttern kann. Zwölf Jahre später war es deshalb eine gut eingeübte Methode, das Bevölkerungsmodell mit den Coronavirus-Daten zu füttern.

Die Zusammenarbeit mit dem heutigen Dachverband besteht nach wie vor, realisiert werden gemeinsam ganz unterschiedliche Projekte, und die Zusammenarbeit wurde ausgeweitet. Neben AIHTA und UMIT kamen im Lauf der Zeit das Gesundheitsministerium, der Wiener Krankenanstaltenverbund (heute Gesundheitsverbund), weitere Krankenanstaltenbetreiber und Bundesländer sowie viele Forschungseinrichtungen aus den unterschiedlichsten Bereichen wie die Medizinische Universität Wien oder das IHS dazu.

So wird heute zum Beispiel der in Dänemark entwickelte »RheumaBuddy«, eine Handy-App, die Patienten dabei unterstützt, ihre rheumatische Erkrankung zu managen, von der dwh mit Modellen für bessere Nutzbarkeit und Methoden zur Bewertung des Nutzens erweitert. Mit einem dynamischen Modell für die Masern-Mumps-Röteln- und Polio-Impfung werden die österreichischen Werte der Durchimpfungsrate für die WHO berechnet, und es wird eine intelligente Schuhsohle für Parkinson-Patienten bewertet oder ein gesundheitsökonomisches Modell zur Risikobewertung von Leberkrebs-Operationen umgesetzt.

»Die Frage, wie viel wir in Zukunft aus den vorhandenen Daten in unserem Sinne machen einerseits und wie gut wir uns davor schützen, dass mit unseren Daten falsche Dinge gemacht werden, sei es kommerzielle Ausnutzung oder unerwünschte und illegitime Kontrolle, wird entscheidend dafür sein, wie diese Zukunft aussieht.« Diese Prognose traut sich Niki ausnahmsweise zu stellen.

2019 wurde an der Technischen Universität Wien von vielen nationalen und internationalen Wissenschaftlerinnen und Wissenschaftlern das *Wiener Manifest für digitalen Humanismus* unterzeichnet. Seine Kernaussage lautet: Wir müssen die Digitalisierung selbst in die Hand nehmen, wir müssen bestimmen, was wir wollen und was nicht. Mittlerweile gibt es auch die *Perspectives on Digital Humanism*[21], eine Sammlung von 46 Artikeln, in der genau dies gefordert wird.

Die Zeit drängt, und auch wenn das klar ist: Projekte wie die beschriebene Forschungsdatenbank erregen sofort Argwohn. Und doch gibt es nur eine Lösung: Gemeinsam darüber diskutieren und höchstmögliche Transparenz.

Im Lauf der Jahre und mit jedem Projekt hat sich Günther weiter in die Medizin-Materie hineingetigert. »Jeder von uns hat sich auf gewisse Bereiche spezialisiert.« Und die dwh als Kollektiv hat sich vor allem den Ruf erarbeitet, unabhängig zu sein. »Wenn wir ein Projekt übernehmen, dann nur unter der Prämisse, dass wir ergebnisoffen arbeiten«, sagt Günther. »Wenn dabei rauskommt, dass unser Auftraggeber nicht kosteneffektiv ist oder Wesentliches übersehen hat, steht das auch in unserem Report.« Sie produzieren keine gewünschten und bestätigen schon gar keine vordefinierten Ergebnisse. »Deshalb werden unsere Analysen auch als unabhängig akzeptiert.« Das macht die Arbeit nicht immer einfacher, dafür wird der ethische Standard hochgehalten, der für die Leute von der dwh unbezahlbar ist.

Und: Nur wegen des Geldes sind sie sowieso nicht hier.

Kapitel 5
Agentenbasierte Modelle

Schach, ein Rückschritt und Muttermale

Wir haben in Kapitel 3 drei wichtige Fragen betrachtet: Welche Eigenschaft soll mein fertiges Modell haben? Wie baue ich mein Modell? Wie berechne ich mein Modell?

Eine nächste Frage ist: Wie detailliert soll es ein? Gerade im Bereich Gesundheit, in dem viele unserer Modelle angesiedelt sind, war diese Frage anfangs eine große Herausforderung.

Jeder Mensch hat unterschiedliche Eigenschaften, die wir abbilden sollten. Da würden sich Agenten gut eignen. Aber müssen wir das wirklich? Klinische Studien waren bis vor gar nicht so langer Zeit auf eine ganz bestimmte Gruppe von Menschen beschränkt. Heute gibt es Institute für Gender Medicine, es werden sogenannte Rare Diseases erforscht, und wir gehen den Weg zur Personalized Medicine.

Nicht zufällig sind das alles englische Begriffe. Der Ausgangspunkt ist meistens im angloamerikanischen Raum zu finden. Seltene Erkrankungen konnten früher aus Zeit- und Kostengründen nicht erforscht werden, und wir konnten froh sein, wenn es eine »One size fits all«-Therapie gab.

Heute ist Medizin zum Glück anders. Also sollten auch die Modelle heute der Diversität gerecht werden, die die abzubildenden Subjekte, die Menschen, ausmacht. Dazu kommt eben die Frage, wie detailliert ich diese Eigenschaften abbilden kann – und muss. Eine wichtige Frage, denn neben Datenauswertungen von klinischen Studien und sogenannten »Real World Data«, also der – nach erfolgter Zulassung – laufenden Anwendung in der echten Welt, sind Modelle heute oft die Grundlage zur Bewertung von Therapien. Sie liefern die Berechnung des »Impacts« auf Patientinnen und Patienten, der Auswirkungen auf das Gesundheitssystem und schauen auch auf eventuelle negative Effekte, die in der Zulassung noch nicht erfasst wurden.

Ich wurde in der Covid-19-Krise oft gefragt, ob ich nicht Probleme damit habe, dass weitreichende Entscheidungen unter anderem auf unseren Modellen basieren. Darauf hatte ich immer zwei Antworten: Die Entscheidungen in der Covid-19-Krise wurden und müssen immer von demokratisch gewählten Vertretern getroffen werden. Aber was die Verantwortung betrifft, geht es – und das kannte das dwh-Team schon lange vorher – immer um lebenswichtige Dinge. Wenn eine Therapie schlecht bewertet wird, wird sich diese Therapie vielleicht nicht durchsetzen – sie wird vom Payer, dem Gesundheitssystem, möglicherweise nicht mehr bezahlt werden. Für Menschen kann das dramatische Konsequenzen haben. Die Reichweite, die solche Modelle haben können, ist für mich nach wie vor oft beängstigend. Sich ihrer bewusst zu sein, ist wichtig, um den Respekt nicht zu verlieren. Egal ob es um Covid oder um Krebstherapien geht.

Aber zurück zur Frage, wie detailliert ein Modell sein soll. Schaue ich mir in einer Studie Männer und Frauen an, ist das ein Anfang. Wollen wir etwa die Wirkung einer Therapie für Menschen darstellen, die sehr unterschiedlich wirkt, brauche ich dazu das Alter, also: junge Männer, alte Männer, junge Frauen, alte Frauen. Ich kann dies in Alterskohorten darstellen von, sagen wir, fünf Jahren, dann haben wir schon viele Unterscheidungen. Weiters könnten Vorerkrankungen dazukommen oder der Lebensstil ausgedrückt durch das Gewicht oder – ein leider noch immer entscheidender Faktor für Gesundheit – den sozialen Status.

Dazu kommt die schon öfter angesprochene »Systemdynamik« oder einfach gesagt die Interaktion zwischen den Individuen. Wenn wir als Beispiel die Simulation einer Epidemie wie Covid-19 hernehmen, können wir sagen: Ein bestimmter Anteil von kranken Menschen erhöht sich. Das hängt nicht nur davon ab, wie viele Menschen bereits erkrankt sind. Je mehr erkrankt sind, desto schneller breitet sich die Krankheit natürlich im Weiteren aus. Es ist aber auch zu beobachten gewesen, dass die »Wellen« in unterschiedlichen Altersgruppen und natürlich auch regional zeitverschoben waren, ebenso die Aufnahme in den Krankenhäusern. Wenn das geplante Modell nicht in der Lage ist, diese Diversität abzubilden, das heißt sowohl die entsprechend detaillierten Daten aufzunehmen wie aber auch die dynamischen Effekte so detailliert zu reproduzieren, kann man die gemessene Realität nicht genau genug abbilden. Ein Effekt, der übrigens nicht nur bei infektiösen Erkrankungen zu sehen ist. Auch soziale äußere Faktoren, die ja genauso auf jeden einzelnen Menschen einwirken, können notwendig sein, um eine Krankheit hinreichend genau zu analysieren.

Man kann dies am Beispiel Raucherinnen und Raucher deutlich machen: Es gibt pro Altersgruppe einen bestimmten Anteil an Rauchenden, der aber auch von Faktoren abhängig ist wie etwa, ob Kinder von Rauchenden ihre Eltern rauchen sehen und dadurch vielleicht selbst zu rauchen beginnen. Das heißt also: Wir haben es auch hier mit dynamischer Interaktion und Feedbackschleifen zu tun.

Ein Fall für Agenten

Nach meinem Wissensstand hat die Mikrosimulation und speziell die Modellierung mit Agenten, also alle Frauen und Männer, jede und jeden einzeln, im Computer nachzubilden und sie herumlaufen, interagieren und reagieren zu lassen, keinen eindeutigen, einzigen geistigen Vater (oder Mutter). Anders als bei *Cybernetics* von Norbert Wiener, der hier Gedanken zu seiner Zeit zusammengefasst hat, oder System Dynamics von Jay W. Forrester, das als konkretes Lösungstool entwickelt wurde, gibt es nicht den oder die eindeutigen Protagonisten.

An sich ist es ja erfreulich, viele Mütter und Väter und eine große Familie zu haben ... Was uns allerdings oft wurmt und die Arbeit erschwert, ist, wie viele unterschiedliche Interpretationen von Agenten es gibt und dass die Theorie oft nicht eindeutig definiert und formuliert ist. Ein echtes Hindernis für Mathematiker und Informatiker. Aber dazu später mehr.

Agentenbasierte Modellierung ist ein Spezialfall von Mikrosimulation. Also die Individuen der »realen Welt« Individuen sein zu lassen und gar nicht erst zuerst zu abstrahieren. Diese Art von Modell bietet drei Vorteile:

Erstens: die Möglichkeit, auf beliebig kleiner Ebene Dinge abzubilden und jede mögliche Eigenschaft hinzufügen zu können. Zweitens: die Möglichkeit, dass die nachgebildeten Menschen interagieren. Wenn eine Person Handlung A macht, macht die nächste auch die Handlung A – oder eben B. Interaktion, Dynamik und Feedback sind möglich.

Und drittens: Ein solches Modell ist sehr einfach zu bauen, weil es nichts mehr und auch nichts weniger erfordert, als die Realität möglichst nah abzubilden. Wir müssen bei der Übertragung auf die Gesamtbevölkerung nicht mehr überlegen, wie, beim Beispiel der Pandemie, die Übertragungsrate ist, sondern wir modellieren, wie oft sich welche Menschen wie intensiv treffen – dadurch ergibt sich etwa die Übertragungsrate ganz automatisch.

Wir haben ein Modell der Agenten, das im Grunde wie ein Schachspiel funktioniert: Jede Figur hat bestimmte Eigenschaften, stirbt mit bestimmten Eigenschaften und folgt klaren Regeln der Interaktion. Achtung: Nach wie vor haben wir weder bei den Differentialgleichungen noch bei System Dynamics, aber auch bei Agentenmodellen nicht darüber gesprochen, wie man das Modell dann endgültig berechnen kann!

Agentenbasierte Modelle wurden im 20. Jahrhundert entwickelt und haben eine Vielzahl von Motivationen, Ausprägungen und Theorien. Es können damit Menschen, aber auch Partikel, Zellen, Unternehmen oder NGOs dargestellt werden. Der Begriff hat in der Medizin einen anderen Klang als in der Biologie und wird in der Wirtschaftswissenschaft völlig anders verstanden als in allen anderen Bereichen. Wie auch immer, in die Tat umgesetzt werden sie erst seit wenigen Jahrzehnten. Tendenz steigend. Der Grund: Es braucht sehr viel Rechenpower, denn mit Zettel und Papier lässt sich im Gegensatz zu einem System-Dynamics-Modell ein solches Modell nicht entwickeln und schon gar nicht berechnen.

Agentenbasierte Modelle sind ein Fortschritt, was die Möglichkeit betrifft, Diversität abzubilden und emergentes Verhalten zu untersuchen. Intellektuell gesehen, könnte man aber sagen, sind sie eigentlich ein gewisser Rückschritt. Und vor allem eine Herausforderung. Denn solche Modelle zu validieren, ist schwierig und eine mühselige Arbeit.

Isaac Newton und Kollegen mussten, weil es nicht besser ging, in der Lage sein, alles mit Stift und Papier auszurechnen. Zwar gab es irgendwann Logarithmentafeln, aber im Grunde lief es so: Der Mensch beobachtete die Natur, machte Experimente und versuchte, daraus Formeln abzuleiten, um Prozesse darin abzubilden. Die Gelehrten verwendeten ihren Grips also darauf, die Welt in Formeln zu packen, die die Dynamik in sich aufsaugen. Daraus entstand die Schönheit der Mathematik (für manche Menschen, für andere entstand einfach ein unerträgliches Schulfach).

Bewegung wurde über einen »Trick« (Mathematiker mögen mir die Formulierung verzeihen) – die Infinitesimalrechnung von Newton und Leibniz – entwickelt und später dann mittels Differentialgleichungen, einem Teilgebiet der Analysis, beschreibbar gemacht. Es sind mathematische Gleichungen, die eine Funktion von einer oder mehreren Variablen darstellen. In dieser kommen auch Ableitungen dieser Funktion vor, das bedeutet die Änderung der Variablen selbst.

Viele Naturgesetze können mittels Differentialgleichungen formuliert werden, deshalb sind sie seit Jahr-
hunderten eines der wichtigsten Werkzeuge der mathematischen Modellierung. Die Differentialgleichung bot
die Möglichkeit, die Veränderung einer Größe über die
Zeit in eine Gleichung zu packen. Und auch wenn man
diese nur in ganz bestimmten Fällen mit Papier und Stift
lösen kann, waren sie auch schon ohne Computer gut
»beherrschbar«.

Durch Einsetzen von Anfangs- und Randwerten konnten spezielle Lösungsmethoden entwickelt werden. Es
gibt elegante Theorien, die sich damit beschäftigen, welche Eigenschaften bestimmte Gleichungen haben, ob
Lösungen denn überhaupt existieren können, und wenn
ja, wie sie aussehen müssten. Das mag vielleicht esote-
risch klingen, ist aber das genaue Gegenteil. Die Mathematik hilft uns, ganz klare Aussagen zu treffen. Und für die
Lösung (die dem Mathematiker manchmal gar nicht so
wichtig ist, Hauptsache, er weiß, dass es eine gibt) gibt es
eine jüngere mathematische Teildisziplin: die Numerik.
Sie beschäftigt sich damit, wie man Gleichungen, die nicht
analytisch lösbar sind, mit dem Computer effizient lösen
kann. Hier treffen sich also Differentialgleichung und
agentenbasierte Modelle. Ohne Computer geht da wenig.

Agentenbasierte Modelle sind intellektuell deshalb ein
Rückschritt, weil sie, böse formuliert, eigentlich eher
»dumme« Modelle sind. Die Gedankenarbeit wird hier
nämlich nicht so sehr bei der Entwicklung des Modells
geleistet. Zu diesem Zeitpunkt überlege ich ja noch nicht
so sehr, wie ich abstrahieren kann, sondern bilde einfach,
so gut es geht, die Realität nach. Die Gedankenarbeit findet vielmehr dort statt, wo es darum geht, das Modell zu

parametrisieren (also sich zu überlegen, wie die Daten ins Modell kommen) und kalibrieren (etwas, das im Bereich des Machine Learning »lernen« heißt). Schließlich muss ich für alle Menschen wissen, welche Eigenschaften sie haben. Dazu kommt, dass ich das Modell validieren muss, also überprüfen, ob es mit der beobachteten Realität übereinstimmt. Das ist für die Wissenschaftler am grausamsten, denn es gibt keine geschlossene Theorie zur Analyse von agentenbasierten Modellen. Anders als bei Differentialgleichungen, wo uns die »Analysis« als Werkzeug dient, oder bei Petri-Netzen, wo die lineare Algebra dies tut, müssen wir uns viele Disziplinen zusammensuchen, um Agenten zu verstehen.

Last but not least: Man muss sich überlegen, wie man die Ergebnisse herausliest. Schließlich hat man davon, dass virtuelle Menschen sich im Computerprogramm bewegen und begegnen, noch nichts. Man muss daraus Kurven ableiten, die zeigen, wie sich eine bestimmte Eigenschaft in der Bevölkerung verändert und entwickelt.

Füchse und Hasen

Aus dem agentenbasierten Modell lassen sich Kurven ableiten. Phänomene wie exponentielles oder logistisches Wachstum entstehen ganz automatisch, eben genau so, wie sie in der Wirklichkeit auch entstehen. Das, was Newton und andere große Geister vor ein paar Hundert Jahren in ihren Formeln entwickelt haben, stimmt mit den Agenten überein. Man kann zeigen, dass bestimmte Agentenmodelle zu den mathematischen Modellen »konvergieren«. Sie nähern sich beliebig nahe an. Die Frage ist allerdings, in welche Richtung? Denn auch das ist wieder eine philosophische Frage. Wir werden etwas später sehen, dass von Mathematikern – genau umgekehrt – zelluläre Automaten als numerische Lösung von bestimmten Differentialgleichungen gesehen werden. Die verschiedenen Modelle und das Ziel, sie zu lösen, hängen also irgendwie miteinander zusammen ...

Stellen wir uns einen Wald vor, der klar abgegrenzt ist. In diesem Wald, wir nennen den Waldrand jetzt einmal wenig poetisch Systemgrenze, leben Füchse und Hasen. Grundsätzlich können Tiere zuziehen oder weglaufen, aber das vernachlässigen wir erst einmal.

Die Fuchs- und Hasenpopulation könnte man nun sehr gut über ein Differentialgleichungsmodell beschreiben.[22] Man könnte aber auch tatsächlich die Füchse und Häschen in den Wald hineinmalen – virtuell. Jeder Fuchs wird ein virtuelles Füchslein, jeder Hase ein virtuelles Häschen. Sie alle haben gewisse Eigenschaften, etwa, dass die Füchse die Hasen fressen. Aber damit nicht genug. Ich kann genauso gut berücksichtigen, wie hungrig die Füchse sind, wie schnell die Hasen hoppeln können und so weiter. Daraus ergibt sich, wie schnell und wie stark die Füchse die Hasenpopulation reduzieren. In einer Differentialgleichung wäre dieser Parameter die »Fressrate der Räuber pro Beute-Lebewesen« oder der Parameter »Wie schnell ist ein durchschnittliches Häschen?«.

In einem Agentenmodell brauche ich das nicht als Parameter eingeben, vielmehr füge ich Parameter dazu, die – und das ist der Clou – in der Realität beschreibbar sind und für einzelne Füchse und Hasen unterschiedlich sein können.

An diesem Punkt fängt das Problem an, zugleich kommen die Expertinnen und Experten ins Spiel. Ich könnte nun etwa eine Wildtierbiologin fragen, wie hoch die Fressrate der Füchse ist, wie lange ein Fuchs satt ist, nachdem er ein Häschen gefressen hat, und wie viel Futter ein Fuchs je nach Alter braucht (ein kleiner Fuchs wird zuerst sehr wenig, dann sehr viel und im hohen Alter wieder weniger fressen). Auch die Häschen haben besondere Eigenschaften, die relevant sind, etwa: Wie oft bekommen sie wie viele Babys? Wie lange leben Häschen, wenn sie nicht gefressen werden?

Hier zeigt sich schon, dass es mit einem Agentenmodell möglich ist, sehr viel detaillierter die Parameter zu beschreiben und, vielleicht noch wichtiger, sehr viel direkter aus der Realität zu übernehmen. Es zeigt aber ebenso die Herausforderung, die damit verbunden ist, denn oft werden wir erst recht durchschnittliche Werte annehmen und diese auf die Tiere »verteilen«. Aber wer weiß? Modelle sollen immer bereit sein, und wenn eine neue Wildtierbeobachtung eingeführt wird, ist das Modell bereit, die Werte pro Fuchs direkt zu übernehmen.

Mit all diesen Informationen zusammen parametrisiere ich alle Tiere, die sich in meinem System befinden, sie alle werden jetzt zu Agenten. Dann können wir das Modell am Computer durchlaufen lassen. Und wir sehen, dass passiert, was passiert: Füchse fressen Hasen, Hasen laufen weg und so weiter. Wir sehen, wie sich die Realität im Modell fortsetzt. Stark vereinfacht, aber anschaulich.

Oder um beim Beispiel der Epidemie zu bleiben: Wir sehen, dass sie sich (setzt man keine Maßnahmen, die das verhindern) zuerst langsam ausbreitet und dann in ein exponentielles Wachstum übergeht. Sehr anschaulich, aber auch plausibel?

Mathematisch können wir in bestimmten Fällen zeigen, dass das agentenbasierte Modell und ein entsprechendes Differentialgleichungsmodell unter gewissen mathematischen Voraussetzungen »gleich« sind (beziehungsweise eigentlich konvergieren). Wir können also wissenschaftlich im Idealfall beweisen, dass Modelle äquivalent sind. Das ist im Weiteren aber kein exotisches Hobby, vielmehr erhöht es die Qualität der Modellierung. Warum? Die Anschaulichkeit der Agentenmodelle ist die große Gefahr dieses Modellierungskonzeptes: Ohne mathematisches Wissen ist ein agentenbasiertes Modell ein Werkzeug, mit dem man Dinge produzieren kann, die man selber nicht versteht kann. Das ist ein Grund, warum wir gemeinsam mit vielen Wissenschaftskolleginnen und Wissenschaftskollegen und auf Basis der Mathematik versuchen, Theorien zu entwickeln, diese Modelle zu analysieren, die Validierungskonzepte zu verbessern und Modelle zu vergleichen (mehr dazu in Kapitel 9). Denn wenn ich die Anschaulichkeit, Flexibilität und Diversität von Agentenmodellen mit der mathematischen Kontrolle verbinden kann, steigt dadurch meine Modellqualität.

Ein agentenbasiertes Modell ist also zuerst recht simpel, mathematisch und programmiertechnisch gesehen. Aber dann wird es bald schwierig: Im Beispiel unseres Bevölkerungsmodells für Österreich haben wir in einem Computerprogramm 8,9 Millionen dieser Agenten programmiert, einen Agenten pro Einwohner.

Der erste Schritt ist, diesen 8,9 Millionen Agenten Eigenschaften zu verpassen. Das können Tausende sein oder nur eine.

Im zweiten Schritt geben wir Regeln vor, die besagen, welcher Agent aus welchem Grund welches Verhalten zeigt. Diese Gründe können verschiedenen Ursprungs sein: Es kann ohne Vorbedingungen geschehen, Verhalten also, das der Agent von sich aus setzt, weil er bestimmte Eigenschaften hat. In diesem Fall unterscheidet sich das Verhalten von Agent zu Agent, je nach Eigenschaft. Das Verhalten kann aber auch in Reaktion auf einen anderen Agenten geschehen oder in Reaktion auf seine Umwelt erfolgen. Jedenfalls entspringt sein Verhalten einem dieser Gründe oder einer Kombination daraus.

Der Computer versetzt sich nun sozusagen 8,9 Millionen Mal in ein Individuum und setzt für jeden Agenten einen Handlungsschritt – die Handlung ist das Wesen des Modells, »agere« heißt auf Deutsch »handeln«. Das bedeutet, dass das Modell eben nicht von oben gesteuert wird, sondern sich die 8,9 Millionen Agenten nach ihren verschiedenen Möglichkeiten verhalten. Achtung, auch hier wieder die Philosophiefalle: Natürlich rechnet real der Prozessor des Computers aus, was passiert, also eine Stelle – aber abstrakt betrachtet könnten die Agenten auch 8,9 Millionen kleine Roboter sein. Und wir tun jetzt einfach einmal so. Hat der Computer das 8,9 Millionen Mal durchgemacht, ist das Modell einen Schritt weiter.

Hier ist einiges an Denkarbeit erforderlich. Eine Frage lautet: Wie oft soll dieser Durchlauf passieren? Pro Millisekunde? Monatlich? Je nachdem, was dargestellt werden soll, wird diese Zeitspanne eine andere sein. So oder so stellt sich dabei das klassische Problem, dass der Computer diese Handlungsschritte nur nacheinander ablaufen lassen kann – wir haben ja keine Roboter zur

Hand. Wir müssen uns also überlegen, wie wir es schaffen, dass virtuell alles – wie in der Realität – simultan geschieht.

Es klingt vielleicht etwas absurd, aber: Wo fängt man an? Bei A, um sich bis Z durchzuarbeiten? Sind wir bei Z angelangt, haben alle anderen Agenten ihren Status schon verändert. Hier sind die Programmierkünste gefragt, damit die virtuellen Agenten so wie die realen Menschen, die sie repräsentieren, gleichzeitig handeln. Und wenn es dadurch zu »Konflikten« kommt, denken wir einfach an die »Dining Philosophers« aus Kapitel 2 …

Nachdem ein Durchlauf gerechnet wurde, können wir wieder auf unser Modell schauen und feststellen, wie es sich verändert hat. Im Fall der Epidemie schauen wir, ob es jetzt mehr oder weniger Kranke sind.

Die Vielfalt der Agenten

Agenten können vielerlei sein. Sie können Menschen darstellen, Unternehmen, aber auch jedes andere Lebewesen und sehr viel kleinere Dinge, sogar Moleküle oder Zellen. So lässt sich mit einem agentenbasierten Modell etwa das Wachstum eines Muttermals simulieren.

Wir haben mit Agenten ein Projekt realisiert, bei dem wir Zellen eines Muttermals, Melanocyten, abbildeten. Günter Schneckenreither, einer der Mitarbeiter der dwh, hat auf Initiative und in Zusammenarbeit mit der Gruppe von Harald Kittler, Professor für Dermatologie an der Medizinischen Universität Wien, statt dem Wald aus dem Füchse-Häschen-Beispiel dafür das System des Wachstums von Hautzellen in der Epidermis abgebildet.[23]

Basierend auf
einem dreidimensionalen
Modell der Hautzellen werden als
Ergebnis zweidimensionale virtuelle
Fotos generiert. Dies ist wichtig, um
die Simulationsergebnisse mit realen
Aufnahmen von Muttermalen
vergleichen zu können.

Diese Hautschicht schaut unter dem Mikroskop wie ein umgedrehter Eierkarton aus. Auf den Hügeln bewegen sich die Hautzellen. Weil noch nicht vollständig klar ist, an welche Regeln sich die Zellen in der molekularen Kommunikation halten (im Rahmen der Covid-19-Krise durfte ich Markus Hengstschläger kennenlernen und habe gelernt, dass hier intensiv geforscht wird), haben wir bei ihrer Bewegung ein Modell nachgebaut auf Basis von Informationen, die Dermatologinnen und Dermatologen uns lieferten. Die Bewegungen der Zellen sind abhängig vom Abstand zueinander, vom Alter, vom Bezug zur Umwelt und ob sie sich gerade in einer Mulde oder auf einem Hügel befinden.

Im agentenbasierten Modell ist es möglich, Zehntausende solcher Eigenschaften zu definieren sowie davon abhängige Verhaltensmuster. Dann geht es darum, aus

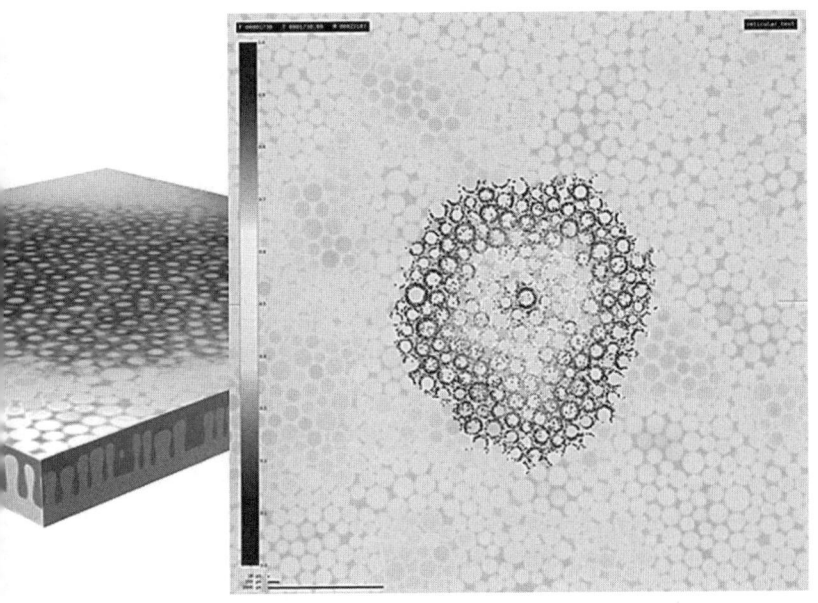

diesen schier unendlichen Möglichkeiten an Verhalten gemeinsam mit Expertinnen und Experten herauszufinden, wie sich die Zellen bewegen, und gewisse Regeln zu identifizieren, ob sich etwa bösartige Zellen anders bewegen als gutartige.

Wir können im Modell den Muttermalen beim Wachsen zusehen! Das ist in der Realität natürlich nicht möglich. Hier aber sehen wir eine mögliche Verbindung von Simulation und anderen Bereichen wie Artificial Intelligence – und warum es nur zusammen geht. Wir wollen in Zukunft Bilderserien von Muttermalen über die Zeit mit der Simulation »matchen«. Dazu wollen wir die Methode Reinforcement Learning verwenden. Dabei lassen wir im Computer das Simulationsmodell lernen, mit welchen Parametern aus den Millionen Möglichkeiten es am besten den zeitlichen Ablauf der Bilder nachbilden kann.

Dominik Brunmeir versucht gerade im Rahmen von Masterarbeitsbetreuungen die Idee umzusetzen, dass ein Computeralgorithmus (AI) einen anderen Computeralgorithmus (Simulation) steuert. So können wir rückwirkend Schlüsse über das Wachstum der Zellen ziehen. Daraus lassen sich wiederum Hypothesen für Wachstumsregeln verschiedener Klassen von Muttermalen aufstellen. Und letzten Endes hilft das agentenbasierte Modell hoffentlich dabei, zu verstehen, wann und warum Muttermale bösartig werden.

Genauso können die Agenten aber Unternehmen sein, Parteien oder Volksschulklassen. Die einzige (sinnvolle) Voraussetzung: Es müssen mindestens zwei unabhängige, interagierende Subjekte sein. Sonst ist der Agent doch recht einsam. Sind die Agenten von außen gesteuert, werden sie zu Objekten, und wir sprechen von diskreter Modellierung. So ist es möglich, Züge, Autos oder Schrauben in einer Fabrik zu modellieren.

Rechenleistung

Als ich vor etwa 20 Jahren begonnen habe, agentenbasierte Modelle zu bauen, steckte die Technik, die dafür notwendig ist, noch in den Kinderschuhen. Es war quasi unmöglich, ein so großes Modell wie das Bevölkerungsmodell rechnen zu lassen. Inzwischen haben sich aber sowohl die Modelle wie auch die Computer weiterentwickelt. Heute laufen die Rechenprozesse hinter den Modellen parallelisiert auf Tausenden Rechnern. Die technische Umsetzung ist also um vieles einfacher geworden.

Agentenbasierte Modelle kommen zum Einsatz, um emergentes Verhalten zu zeigen und zu analysieren. Das Schöne an dieser Art der Modellierung ist, dass wir aus einem im Grunde sehr einfachen Modell über die Kontakte und Handlungen der virtuellen Agenten als Ergebnis extrem komplexe Kurven bekommen. Etwa ein logistisches oder exponentielles Wachstum.

Im Rahmen der Covid-19-Krise wurde ich oft gefragt, wieso wir glauben, dass ein Mikrosimulationsmodell »besser« geeignet sei, wieso wir diesem Modell mehr »glauben«. Ersteres ist es nicht und Letzteres tun wir nicht. Ein Modell ist immer nur ein Werkzeug, mit Vor- und Nachteilen. Die Gefahr, derart anschaulichen Werkzeugen wie einem Agentenmodell zu glauben, einfach weil man die Agenten über die Österreichkarte wuseln lassen kann, ist groß – größer als bei anderen Modellierungsmethoden. Wir ermahnen uns selbst und unsere Studierenden oft, dass man dem größten Modellierungsfehler nicht erliegen darf: »Never fall in love with your own model.«[24]

Wir vergleichen unsere Modelle miteinander, wo immer es möglich ist. Es ist selbstverständlich, dass wir die Ergebnisse des Populationsmodells laufend mit unterschiedlichen aggregierten, makroskopischen Modellen plausibilisieren und validieren. Das heißt, wir überlegen uns, ob Effekte, die wir nicht erwarten, auch begründbar sind. Ein positiver Aspekt, weil man dann immer mit den Expertinnen und Experten aus den Fachdisziplinen wie Virologie, Infektiologie oder Epidemiologie, aber auch Mathematik und Informatik reden kann.

Die Schwierigkeit der Analyse liegt nicht in den Daten. Es ist grundsätzlich möglich, mit Modellen Mechanismen zu analysieren, selbst wenn wenig oder gar keine Daten vorhanden sind. Wirklich kompliziert wird es, wenn wir versuchen, die Realität abzubilden, und zwar deshalb, weil in der Realität Menschen eben nicht auf einem Schachbrett zusammentreffen, sondern in Wohnungen, Häusern, Schulen, Arbeitsplätzen. Auch die Siedlungsstruktur – dicht, weniger dicht – ist in der Realität sehr unterschiedlich. Dazu kommt: Wir müssen überlegen, wo sich die Menschen im Tagesverlauf aufhalten: Fahren sie mit dem Auto auf der Autobahn? Sitzen sie in der U-Bahn? Sind sie tagsüber zum Arbeiten in der Stadt und pendeln abends nach Hause aufs Land?

Es ist zugleich das Schwierige und das Schöne an agentenbasierten Modellen, dass wir relativ schnell mit grundlegenden Modellen beginnen können – aber auch irrsinnig komplexe Zusammenhänge, wie bei unserem Bevölkerungsmodell, nachbauen können. Dazu ist natürlich eine Menge Wissen und Expertise nötig. Das sieht man schön daran, dass wir in der dwh inzwischen für die verschiedenen Prozesse einzelne Leute haben, die darauf spezialisiert sind.

In einem eigenen Forschungsgebiet befassen sich Expertinnen wie Melanie Zechmeister bei uns speziell damit, wie sich Daten auf die virtuellen Agenten übertragen lassen. Sie hat Modellierung und Simulation studiert, spezialisiert ist sie jetzt aber darauf, wie die Daten in die Modelle kommen. Dabei ist es notwendig, Erfahrung mit den Daten zu haben (sie analysiert täglich Daten des Epidemiologischen Meldesystems (EMS) und Impfdaten), aber auch zu verstehen, wie die Modelle funktionieren. So ist es auch bei Claire Rippinger, die darauf spezialisiert ist, Modelle zu kalibrieren, das heißt, dafür zu sorgen, dass das Bevölkerungsmodell mit der neuen Ausbreitungsdynamik zusammenpasst. Und bei Nadine Weibrecht, die sich um Darstellung und Transparenz der Modelle kümmert. Andere beschäftigen sich mit der Programmierung der Interaktion zwischen Menschen, wieder andere mit der Analyse, ob das Modell mit der Realität übereinstimmt, also der Validierung.

All das sind Sonderdisziplinen, die letztlich zusammenwirken, um ein Modell wie das Bevölkerungsmodell programmieren zu können. Ich stehe dann wie im Fall der Covid-19-Krise am Ende und rede g'scheit daher. Eine Teamleistung, die uns jeden Tag aufs Neue fordert.

Und nach oben gibt es kein Limit.

Kapitel 6
Projekt »More Space«

Mehr Platz in weniger Räumen, Auslastung und Ausnutzung

Böse Zungen könnten behaupten, die Räume der Drahtwarenhandlung seien nicht repräsentativ. Und sie tun das auch. Tatsächlich überkommt einen hier nicht unmittelbar das Gefühl, sich in einem Forschungsunternehmen zu befinden, auf renommierte Gastforscherinnen und Gastforscher zu treffen oder in Gefahr zu laufen, underdressed zu sein. Es ist gemütlich hier: auf schwarz und weiß umlackierte Tische, rundherum ganz unterschiedliche Sessel, manche davon angeblich Designerstücke, andere mit Sicherheit nicht. Die Bar im Hintergrund tut ihr Übriges dazu, die dazugehörigen Hocker sind upgecycelte Mülltonnen, in den Ecken zwei abgewetzte und deshalb umso gemütlichere Ohrensessel, Erbstücke aus Nikis großmütterlicher Wohnung. Auch der Gastgarten sieht eher einladend aus, als dass er von ernsthafter Forschung und Arbeit zeugt.

Niki Popper liebt diese Räumlichkeiten, genauso wie alle anderen, die hier arbeiten. Keinem käme in den Sinn, sich nach mehr Chrom und glatteren Oberflächen zu sehnen. Manchen Projektpartnern ging es da anders. Man erinnert sich an einige, die sofort wieder gegangen sind, ein nicht falsch zu verstehendes »Ich melde mich« als letzten Gruß hinterlassend. Dann gibt es Fälle, die in die Kategorie der Ungläubigen einzuordnen sind. Wie ein Mitarbeiter des Instituts für Höhere Studien, der von seinem

Im Sommer ermöglichen Oleander, Orangenbäumchen und der Gastgarten auch Outdoor-Arbeit. Die Lärmkulisse der Neustiftgasse ist zugegeben aber durchaus gewöhnungsbedürftig.

Chef – einem hochgeschätzten Kollegen, mit dem die dwh auch in Covid-Zeiten zusammenarbeitet und sich austauscht – hierher geschickt worden war und die sagenhafte »Genie-Stätte« einfach nicht erkannte. Er stand vor der Tür, ungeduldig in sein Handy sprechend: »Wo ist das? Ich finde das nicht!« Niki stellte sich neben die Oleander, die den Eingangsbereich von Frühling bis Herbst begrünen, und schaute dem Telefonierenden eine Weile zu, bis dieser offenbar vom anderen Ende der Leitung den Hinweis bekam, dass es sich sowohl um ein Büro als auch ein Lokal handle. »Er muss mich gesehen und sich gedacht haben: Was will der komische Kauz vor dem Wirtshaus von mir?« Niki gefallen solche Geschichten. Noch mehr hat ihm gefallen, die Situation aufzuklären:»Grüß Sie, Dr. Popper mein Name. Suchen Sie uns?« Der Gastraum ist eben auch der Besprechungsraum für Forschungsprojekte, die Bar dient außerhalb von Covid-19-Zeiten für die schnellen Besprechungen zu neuen Anträgen. Multifunktional also.

Es scheinen sich die potenziellen Kooperationspartner in zwei Lager teilen zu lassen: jene, die dem herben Charme der Drahtwarenhandlung erliegen, und jene, die damit einfach nichts anfangen können. Unter den Fans finden sich renommierte Leute, Universitäts-Kapazunder. Genauso unter denen, die unzufrieden sind, dass die Drahtwarenhandlung nicht mehr hermacht. Die finden, das Ganze wirke nicht professionell.»Weil wir nicht der Norm entsprechen«, ist Michis Analyse. Er findet das verständlich, genau wie Niki. Inzwischen – früher sei er beleidigt gewesen, heute ist er entspannter.

Multifunktional und flexibel: Das sind wohl zwei der Zauberworte, die es zu erfüllen gilt, wenn man hier bestehen möchte. Neben der Arbeit verbringen Menschen hier viel Zeit. Auf einer kurzen Zeitskala aus Modellierungssicht bedeutet das, dass man miteinander trinkt und isst. Auf einer längeren, dass Teile des ganzen Lebens hier passieren. Die Kinder der Gründer sind hier mehr oder weniger nebenbei groß geworden und werden es noch. Raum – auch Büroraum – kann eben unterschiedlich genutzt werden.

Manchmal gibt es auch hohen Besuch, von Vizerektoren zum Beispiel. Im Auftrag eines solchen hat die damalige Forschungsgruppe begonnen, sich mit Räumen und deren Nutzung zu beschäftigen. Und welcher Ort wäre besser

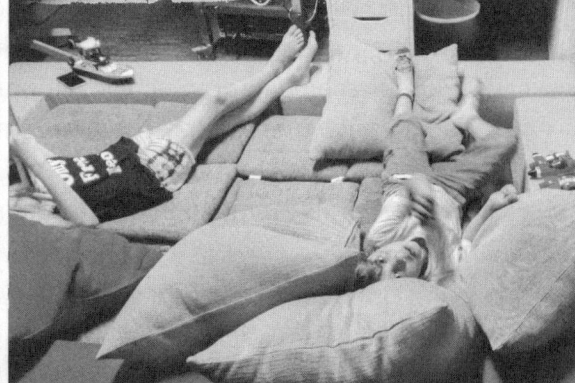
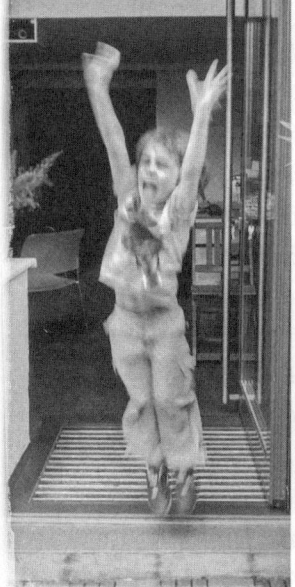

Raum ist nur eine Illusion, sagen andere Forschungsdisziplinen. Raum sollte genutzt werden, einmal so und einmal so. Jedenfalls immer intensiv – auch eine Lehre aus »More Space«.

geeignet, ein solches Problem zu besprechen, als das Multifunktionalökosystem Drahtwarenhandlung.

Die Technische Universität musste im Rahmen ihres Umbaus ab 2009 die Nutzung ihrer Hörsäle neu organisieren. Weil immer zu wenig Platz war, zumindest gefühlt, und der Umbau zumindest zeitweise zur Sperrung einer ganzen Reihe an Hörsälen geführt hätte. Štefan Emrich, ein Mitarbeiter der Forschungsgruppe, zu der Zeit in engem Kontakt mit Dietmar Wiegand, Professor für Projektplanung und Entwicklung an der Technischen Universität Wien, hatte die Idee, vorzuschlagen: Wir können diese Dinge simulieren! So kam es zu ersten Treffen, Skizzen und Überlegungen, die dann ins Projekt »More Space« mündeten.

Wie viele Hörsäle gibt es? Welche Vorlesungen? Wie viele Hörerinnen und Hörer, die einen Platz brauchen? Welches Equipment wird benötigt – Beamer, Labor etc.? Schnell wurde es kompliziert, denn zum einen galt es, all diese Daten erst noch zu erheben. Und zum anderen gab es darüber hinaus viele Befindlichkeiten. Wie zum Beispiel einen Professor, der nur in einem bestimmten Hörsaal unterrichten wollte, oder einen anderen Lehrenden, der nie zur vollen Stunde starten konnte, weil sich das mit der Ankunftszeit seiner Schnellbahn nicht ausging.

Mit einem Modell, das Räume mit Menschen und deren Prozessen verband, wurden Studierende und Lehrende abgebildet, liefen als Datenpunkte durch die Räumlichkeiten, unterrichteten und nahmen Platz. Als eigenes kleines Unterprojekt, das zu einer Dissertation wurde, analysierte man die Unterschiede in den Wegen für Menschen mit Rollstuhl beziehungsweise Kinderwagen. Man untersuchte die Distanzen für Rollstuhlfahrer, also die weiteren Wege, die sie durch Aufzüge und Rampen im Vergleich zu Gehenden zu nehmen hatten.

Wunderschön, in der Theorie

Das »More Space«-Projekt war, sagt Niki, ein gutes Beispiel dafür, dass optimale, computergenerierte Lösungen zwar in der Theorie wunderschön sein, aber trotzdem in der Praxis scheitern können. Es sei eine absurde Vorstellung, zu glauben, dass es reicht, die optimale Lösung auszurechnen und sie den Menschen zu überreichen, um sie umsetzen zu können.

Das Modell selbst war zwar eine spannende Herausforderung, aber für die Simulationsexpertinnen und Simulationsexperten lösbar. Es wurde eine Kombination aus einem Logistik-Modell – also der Modellierung, wie viele Ressourcen wann, wo und zu welcher Zeit gebraucht werden und ob sie vorhanden sind – und einem Modell aus der Welt der PEDs (Pedestrian and Evacuation Dynamics. Modelle, die beschreiben, wie sich Menschen in und zwischen Gebäuden auf Basis ihrer Eigenschaften und Ziele und der Gebäudeeigenschaften bewegen – siehe Glossar).

Die Herausforderung an sich lag vielmehr darin, die gefühlt tausend Regeln und Eigenheiten der Unterrichtenden zu beachten. »Wir mussten den großen Schritt gehen, weg von einem System, in dem jemand nach dem First-Come-First-Serve-Prinzip einen Raum bucht, hin zu einem ganzheitlichen System.« Konkret: Jeder Lehrende gab seine Vorlesung inklusive aller Anforderungen bekannt, und diese Daten wurden dann in das Modell eingebucht.

Der Clou am Projekt »More Space« war, Daten, Bedürfnisse und Ziele zusammenzubringen. Das Modell selbst erwies sich, so Niki, als wundersames Wesen. Mit jedem

Überarbeitungsschritt sei es noch einfacher und kompakter geworden. An der Technischen Universität gab es indes immer wieder Zweifel an der Lösbarkeit ihres Problems – acht Fakultäten, jede einzelne davon damit befasst, zu wenig Platz in den Hörsälen zu haben. Das Team mit Štefan Emrich, Shabnam Tauböck und vielen mehr nahm alle Anforderungen auf, ließ diese jeweils durch das Modell laufen und kam mit einem dicken Pack an Ausdrucken zum nächsten Besprechungstermin. »Sie glaubten uns oft nicht«, sagt Niki. Aber mit ihrem Tool schafften es die Mitglieder des Teams doch jedes Mal, alle Anforderungen zu erfüllen. Die Vorlesungen passten in die Räume.

Aus dem Projekt, sagt Niki, haben sie einiges gelernt, auch für die Zukunft.

Erstens: Es geht nicht nur um eine Lösung, sondern auch darum, wie stabil sie ist und ob man die Menschen damit erreicht. Es stand damals im Raum, für eine recht große Summe Geld das Wiener Austria Center anzumieten, um für ein Semester die notwendige Anzahl an Sitzplätzen zur Verfügung zu haben. Im Team wurde gerechnet und analysiert. Beim entscheidenden Meeting, an dem eine ganze Menge Menschen inklusive der Entscheidungsträgerin teilnahmen, wurde Niki gefragt, ob sie das Austria Center anmieten sollten. Er antwortete: »Nein, braucht ihr nicht, es geht sich aus.« Große Verblüffung! Wie konnte er sich so sicher sein? Sie sagten: »Sie wissen schon, wenn Sie falschliegen, bekommen wir die Halle nicht mehr und haben ein echtes Problem!«

Doch er war sich sicher.

Der »Trick« dahinter? Ganz einfach: Man darf nicht nur schauen, was herauskommt, sondern auch, wie stabil eine Lösung ist und wie gut das System bereits

»optimiert« ist. Es gibt Systeme, die mit schlauen Methoden ausgereizt sind, bei denen jeder Stein auf den anderen passt. Nichts ist dem Zufall überlassen, jede Lücke bereits erforscht. Da sollte man vorsichtig mit Aussagen sein.

Umso schöner für Modellierer, wenn es Bereiche gibt, in denen noch viel »Luft nach oben« ist und wenn man das nach all der Knochenarbeit auch weiß. Das war damals der Fall. In einem Projekt für eine andere Universität konnte das Team zeigen, dass bei deren Hörsaalplanung weniger als 20 Prozent der vorhandenen Ressourcen genutzt wurden. Man musste die Welt nur »ein bisschen anders sehen und denken«.

Mit diesem Wissen im Hinterkopf ist es recht leicht, zu sagen, dass sich alles ausgehen wird, denn man muss ja die Nutzung nur um wenige Prozent erhöhen. »Mittlerweile wissen wir, dass die Auslastung oft in einem überraschend niedrigen Bereich verbleibt«, sagt Niki. »Das ist kein Versagen, sondern hat mit der komplizierten Verschränkung vieler Tausender Prozesse zu tun. Nur wenn man mit der richtigen Brille draufschaut, kann man das sehen.«

Man hört also hoffentlich nie auf, klüger zu werden, und manchmal hat das tüchtige Team das Glück auf seiner Seite.

Der zweite wichtige Punkt: Man muss die Eingangsparameter variieren. Dahinter steckt fast eine eigene Fachdisziplin. Die Parameter (Anmeldungen von Studierenden) werden am Eingang des Modells stark (Steigerung von 20 Prozent) variiert. Kommt am Ende immer noch das gewünschte Ergebnis heraus, ist dieses sehr stabil.

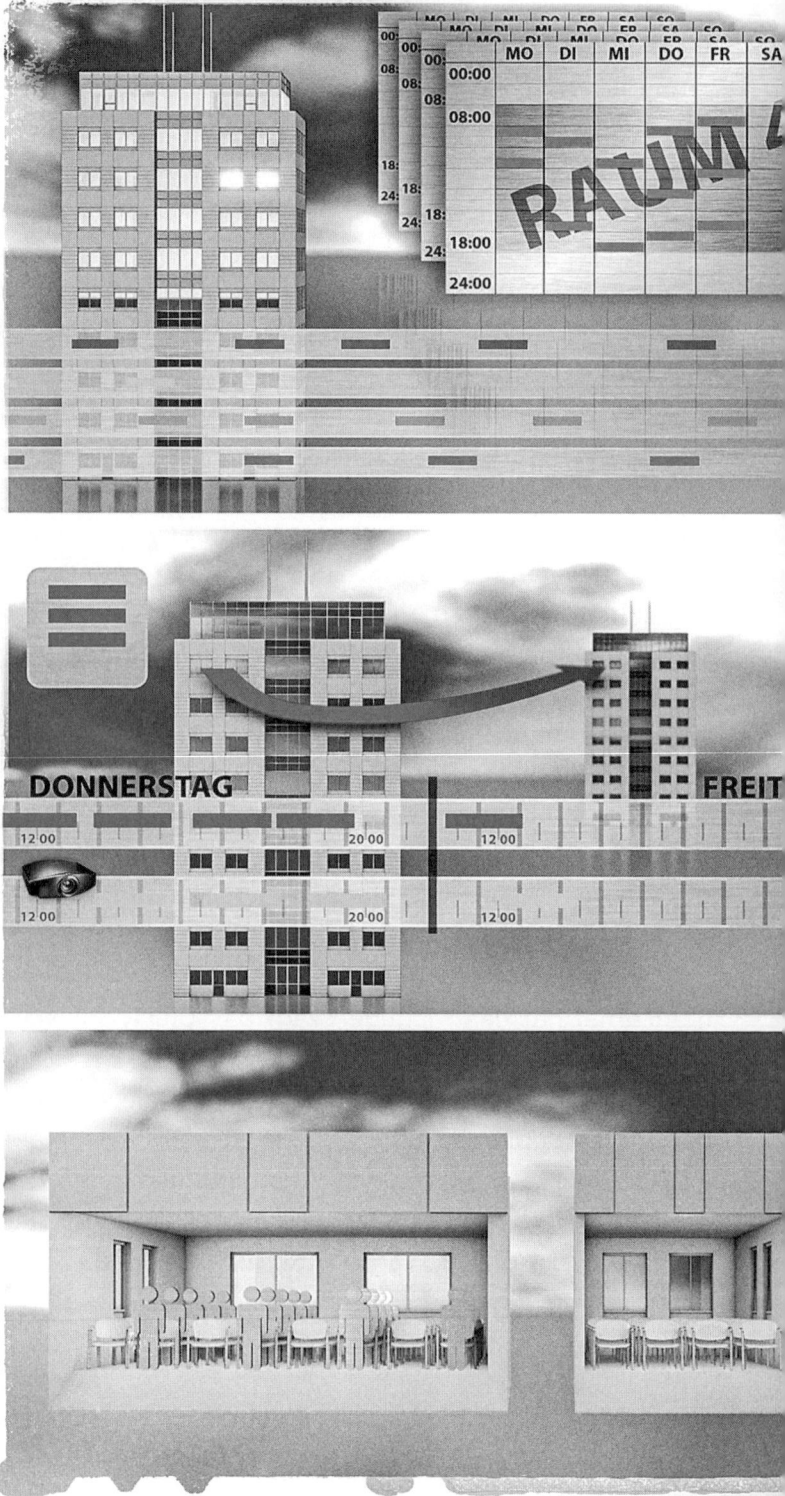

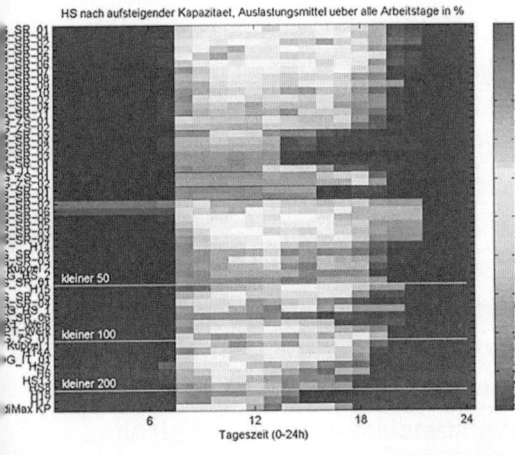

HS nach aufsteigender Kapazitaet, Auslastungsmittel ueber alle Arbeitstage in %

kleiner 50

kleiner 100

kleiner 200

Tageszeit (0-24h)

Visualisierung des »More Space«-Modells. Lehrsäle, Seminarräume und Labors werden gebucht und über die Zeit genutzt. Durch viele Lücken zwischen Buchungen (links oben) plus halb leeren Räumen (unten) entsteht eine sehr geringe Auslastung und Ausnutzung der Räume. Das sieht man, wenn man die Welt nicht als Gebäude, sondern als ein Ergebnis der Simulation, als Matrix aus Raum-Zeit-Fenstern (Mitte rechts) sieht.

Ganz zu Beginn der Corona-Pandemie saß Nikis Team zusammen, um die Auswirkungen der Maßnahmen zu berechnen – es ging um den Verlauf der »ersten Welle«. Nachdem die ersten Ergebnisse da waren, bestärkte das Team ihn, mit der gleichen Sicherheit wie ein Jahrzehnt zuvor an der Technischen Universität Wien zu sagen: »So ist es.« Auch hier war der Grund, dass zu diesem Zeitpunkt die Zahl der Parameter noch relativ gering war und trotz der Unsicherheit in den Daten (es gab erst erste Studien aus China und präliminäre Daten aus Italien) die Situation an sich so gut einschätzbar war, dass die Aussage sehr sicher war. Im Jahr 2022 gestaltete sich die Situation sehr viel schwieriger. Zu Recht erwarten die Menschen, dass die Modelle genauer, besser, sicherer sind. Aber das wird mit dem Anstieg der Anzahl verschiedener Einflussfaktoren immer schwieriger. So ehrlich sollte man sein. Doch das Gegenargument, man müsse eben einfachere Modelle verwenden, lässt Niki nicht gelten.

»Das, was viele unterschätzen, ist die enorme Erfahrung, die man braucht, um moderne, dynamische Modelle einzusetzen.« Erfahrung, die mit den Millionen Durchläufen des Covid-Modells etwa in Nikis Team gefestigt wurde. Selbstverständlich geht es nicht ohne wissenschaftliche Evidenz, ohne Parametrisierung. Das alles muss passen. Aber darüber hinaus gibt es den Schatz der Erfahrung und der Stabilität der Lösung. Das hilft. Und wenn es nur dabei hilft, zu wissen, was sich nicht ausgehen wird.

Auch bei »More Space« galt und gilt übrigens der Grundsatz: Das Modell gibt keine Prognosen ab. Es wird nicht ausspucken, wie viele Studierende sich anmelden werden. Aber es ist in der Lage, die gegebenen Voraussetzungen so zu modellieren, dass die Frage »Geht es sich aus?« beantwortet werden kann – mit einer bestimmten Stabilität.

Auslastung versus Ausnutzung

Ein weiteres Learning betraf das Thema Auslastung und Ausnutzung. Nach dem erfolgreichen Projekt »More Space« an der Technischen Universität Wien wurde 2012 die Wirtschaftsuniversität Wien auf das Forscherteam aufmerksam. Die Wirtschaftsuniversität zog damals in ein neu errichtetes Gebäude um und machte sich Sorgen, dass sich ihre Auslastungsplanung für die neuen, superschönen Hörsäle nicht ganz ausgehen könnte. Man befürchtete, vor dem von Zara Hadid entworfenen Gebäude Container aufstellen zu müssen, um alle Studierenden unterzubringen.

Das »More Space«-Modell wurde mit Daten gefüttert, die Lösung war wieder: Es geht sich aus. Der Grund: Das Modell minimierte nicht nur die Zeitfenster zwischen den Vorlesungen sehr gut, durch gute Planung ließen sich auch Vorlesungen zwischen Räumen so tauschen, dass im Raum selbst weniger Plätze frei blieben. Dadurch wurde der Fleckerlteppich vermieden, der entsteht, wenn jeder Vortragende seine Veranstaltung selbst einträgt. Denn wenn eine Veranstaltung beispielsweise um 12 Uhr endet und die nächste um 13.15 Uhr beginnt, liegt dazwischen ein zu kurzes Zeitfenster für eine eineinhalbstündige Vorlesung.

Den Unterschied machte die Differenzierung zwischen Auslastung und Ausnutzung. Ersteres funktioniert nach

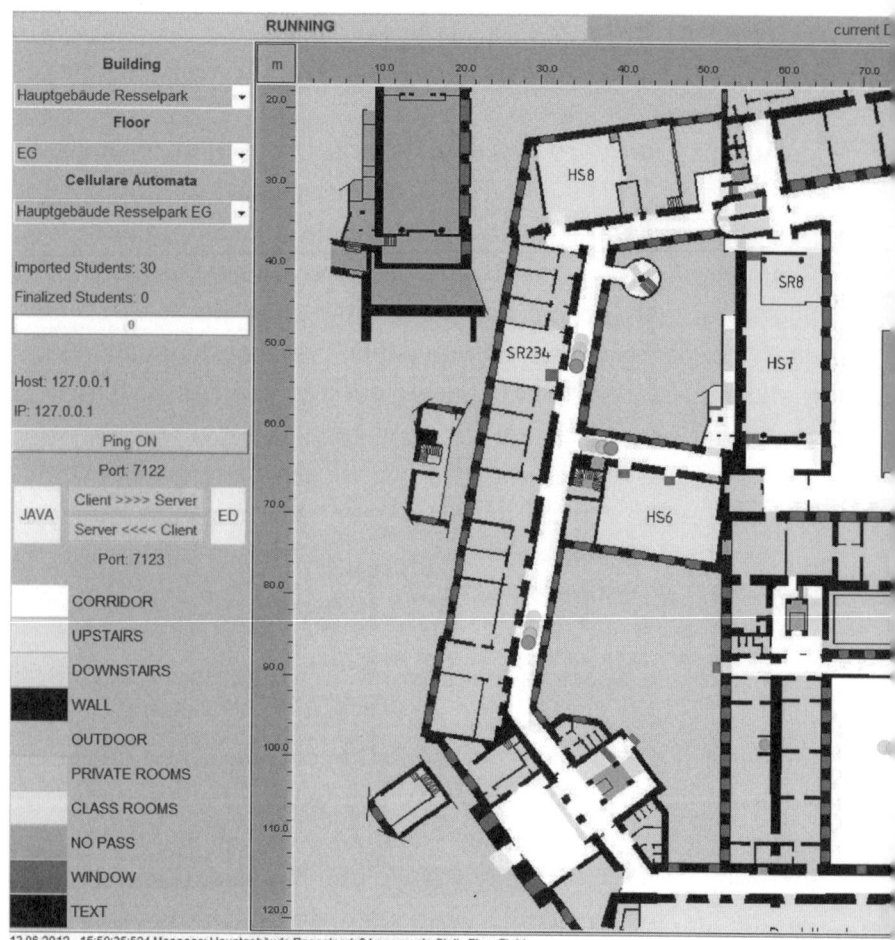

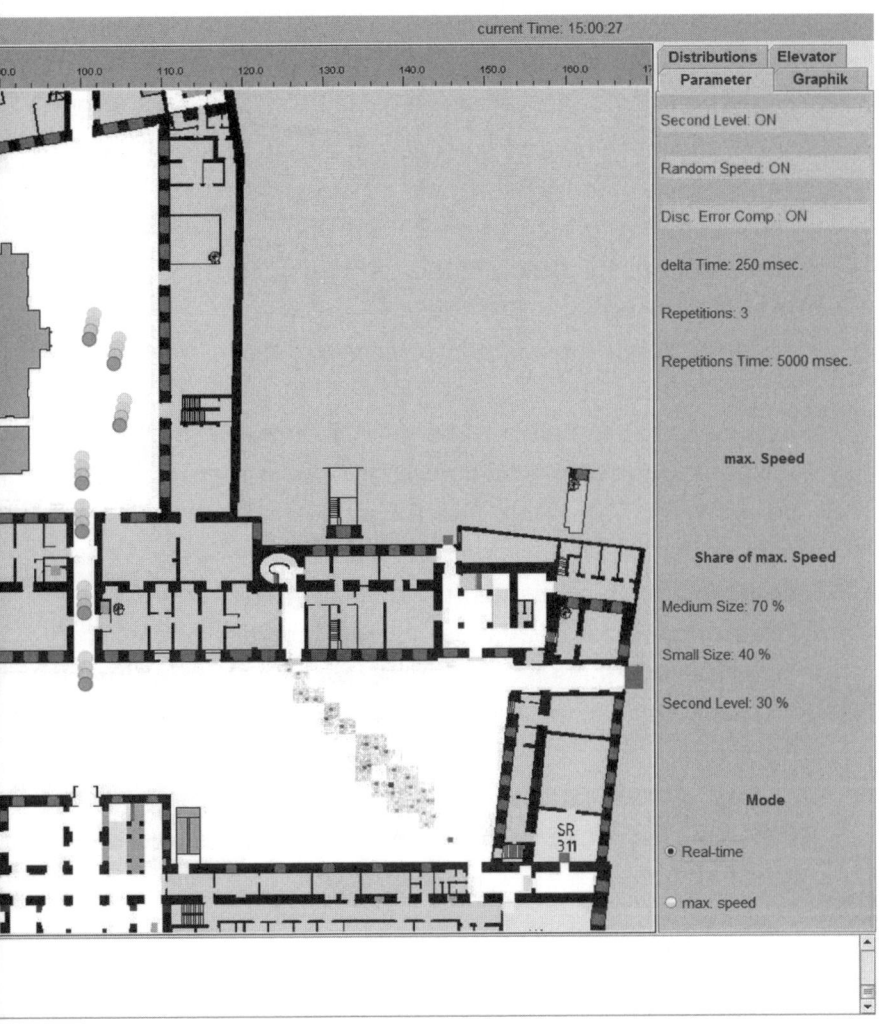

Screenshot des »More Space«-Tools aus dem Jahr 2010. Simuliert wird die Nutzung des Hauptgebäudes der Technischen Universität Wien.

dem On-off-Prinzip: Ein Raum ist belegt oder nicht. Letzteres gibt an, zu wie viel Prozent ein Raum belegt ist. Sitzen 10 Studierende in einem Raum, der für 50 Personen Platz bieten würde? Sucht ein Vortragender einen Hörsaal für 40 Leute, findet aber nur einen Seminarraum für 12? Wenn diese beiden tauschen, sitzen 10 Studierende in einem 12-Personen-Raum und 40 in einem Raum für 50. Die Ausnutzung steigt von 20 auf über 80 Prozent. So konnte man die Ausnutzung sehr einfach und extrem schnell steigern.

Es gibt, wie beschrieben, Systeme, die extrem optimiert sind, zu 99,5 Prozent perfekt. Mit allen Tricks und Kniffen kann man diesen Wert vielleicht auf 99,6 Prozent steigern. Geht es um Milliarden, ist das immer noch lohnend. Im Fall von »More Space« legten die Berechnungen nahe, dass die Planung der Raumbelegungen der WU bei ungefähr 15 Prozent Ausnutzung lag. Der Grund: Durch jedes ungenutzte Zeitfenster verliert man die Auslastung eines ganzen Hörsaals. Und immer, wenn 5 Leute in einem Saal für 100 sitzen, verliert man 95 Prozent der Ausnutzung.

Das »More Space«-Modell erreichte damals eine Erhöhung von etwa 15 auf ungefähr 18 Prozent, und alles ging sich aus.

Keine Zauberei

»Es geht nicht darum, zaubern zu können«, sagt Niki. Und oft handle es sich auch nicht um die Art Modelle, die eine Steigerung von 0,1 Prozentpunkt erreichen. Vielmehr bewegen sie sich in Bereichen, wo die Sicht auf die dynamische Welt versperrt sei, weil Räume von vielen Menschen zu statisch gesehen würden. In dynamischen Modellen geht es aber nicht um einen Raum, sondern darum, Raum-Zeit-Fenster zu nutzen. Darum, dass Menschen eine gewisse Zeit lang eine gewisse Ressource nutzen. Dieser Blick auf ein System sei so essenziell, dass, wenn er fehlte, man scheitern würde.

Die Technische Universität und die Wirtschaftsuniversität hatten vor »More Space« das Gefühl, ihre Räumlichkeiten komplett ausgenutzt zu haben. Durch die Modellierung zeigte sich, dass man tatsächlich bei etwa einem Fünftel Ausnutzung lag. Nun darf man nicht glauben, dass es überhaupt möglich wäre, hier auf zum Beispiel 50 Prozent zu kommen. Das ist nicht der Fall. Das System ist so. Aber der dynamische Blick machte den Unterschied.

Das ist einer der Bereiche, in denen Modellierung und Simulation in Zukunft, etwa bei der Bekämpfung des Klimawandels, einen kleinen Beitrag leisten kann. Noch besser, als energieeffizient zu bauen, ist es nämlich, die gebaute Infrastruktur bestmöglich auszunützen. »An solchen Projekten arbeiten wir heute mit Thomas Bednar, Leiter des Forschungsbereiches Bauphysik an der Technischen Universität Wien, und vielen anderen Partnern, die sich tausendmal besser mit Planen und Bauen auskennen. Wir bringen nur unsere Modelle ein«, sagt Niki, »um in Zukunft unsere Modelle, die die Interaktion zwischen Menschen und der genutzten Infrastruktur untersuchen, besser abbilden zu können.«

Wieder einmal im Fokus: der Mensch und seine Umwelt

Mittlerweile hat das Team von dwh und Technischer Universität Wien die Modelle natürlich weiterentwickelt. Das gleiche Problem wie bei den Universitäten zeigt sich etwa in Simulationen von Krankenhäusern, die ihre Raumplanung oft noch mit Excel erledigen. Kommt hier ein dynamisches Modell zum Einsatz, ergibt sich, dass noch jede Menge Kapazitäten zur Verfügung stünden, denn ein Excel-Sheet bildet nur die lineare Sicht auf die Welt ab.

Gerade Krankenhäuser oder andere Gebäude, die sich mit der Gesundheit von Menschen beschäftigen, sind von sehr komplizierten Prozessen geprägt. In diesem Bereich wird es noch sehr viel schwieriger. Es gilt dabei nämlich, die hoch ausdifferenzierten Gebäude und ihre vielen unterschiedlichen Räume mit einer großen Zahl an unterschiedlichen Geräten und Apparaturen abstimmen zu müssen. Zusätzlich hat man es mit sehr unterschiedlichen Abfolgen zu tun, die Patientinnen und Patienten einhalten müssen, abhängig davon, ob sie etwa zur Kontrolle kommen oder als Notfall eingeliefert werden. Und es gibt eine Vielzahl hochprofessionalisierter Aufgaben und Berufe, die nur dann stattfinden, wenn die Menschen auch da sind, wie wir alle jüngst in der Corona-Zeit feststellen mussten. Dass sie da sind, ist nicht selbstverständlich – vom Pfleger bis zur Ärztin, von der OP-Schwester bis zum Techniker, der für die zeitlich abgestimmte Reparatur und den Betrieb der Geräte sorgt.

Ein klassisches »Bottleneck«-Problem: Für einen Operationssaal wird ein Vorbereitungsbereich gebraucht, ein Aufwachraum, Menschen und Maschinen. Fehlt eines dieser Elemente, gilt der Raum automatisch als nicht nutzbar. Erst in der Simulation wird erkennbar, dass sich beispielsweise durch das Hinzufügen eines Aufwachraums die Auslastung des Operationssaals stark erhöhen würde.

Bei der Entwicklung solcher Modelle und im Weiteren der Programmierung konkreter Tools, die für den Krankenhausbetrieb eingesetzt werden können, besteht die Herausforderung heute vor allem darin, dass es so viele verschiedene Bereiche abzudecken gilt. Es geht nicht nur darum, ein gutes Modell zu bauen. Unter anderem sind vor allem die Schnittstellen zu den Datenquellen eine Herausforderung.

Daten aus Krankenhausinformationssystemen (KIS) müssen mit Daten aus der Gebäudenutzung und Logistikplanung zusammengebracht werden. Die Tools müssen dann natürlich schnell und effizient einsetzbar sein, und das je nachdem, in welcher Phase man sie benötigt. Der Einsatz ist dabei sehr unterschiedlich. Die Fragestellungen sind natürlich in der Planungsphase ganz andere als für den täglichen Betrieb eines Krankenhauses. Spannend ist, dass die unterschiedlichen Welten in der Drahtwarenhandlung zusammenlaufen. Für den Betrieb von einem oder mehreren Krankenhäusern ist etwa zur Einschätzung des Bedarfs für das Jahr 2050 wichtig, wie sich die Inzidenz und Prävalenz von Krankheiten entwickeln könnte. Brauchen wir in 30 Jahren mehr Kreißsäle oder mehr OPs für Bänderrisse? (Genau so würde man die Frage natürlich nicht stellen.) Und überhaupt: Wie wird sich die Umstellung vieler Prozesse auf digitale Services auswirken?

Klar: Kein Handy und keine App ersetzt die Ärztin oder den Therapeuten. Aber an der Entwicklung von Therapien in Bereichen wie der Schlaganfallversorgung oder Tools wie dem »RheumaBuddy« (aus Kapitel 4), die in der dwh analysiert werden, sehen die Forscher, mit welcher Geschwindigkeit unsere Welt sich verändert. Die Aufgaben, die 2050 in Krankenhäusern erledigt werden, werden sich dramatisch von jenen von heute unterscheiden. Selbstverständlich werden Operationen noch im Krankenhaus stattfinden, aber viele andere Dinge werden wegfallen, und wieder andere, die wir heute noch gar nicht kennen, dazukommen. Darauf müssen das Forscherteam und seine Modelle vorbereitet sein. Dafür ist noch mehr Kooperation zwischen den Forschungsdisziplinen nötig.

Aber es ist schon praktisch, dass die Kollegen mit dem Bevölkerungsmodell und der Einschätzung zur Entwicklung des Gesundheitssystems auf dem Level Österreichs gleich im nächsten Büro sitzen. So müssen sie nur kurz durch den Gastraum – ähm Besprechungsraum – gehen, um sich abstimmen zu können.

Alles Dinge, sagt Niki, die sie von »More Space« gelernt haben.

Kapitel 7
Zelluläre Automaten

Endliche Freiheit, unendliche Dimensionen, Spiel des Lebens

Die Sache mit den zellulären Automaten und den Agenten ist eine schwierige. Man könnte außerdem sagen, sie ist ein »Insider-Schmäh« in der Drahtwarenhandlung. In ihren unheiligen Hallen gab, gibt und wird es immer wieder Diskussionen darüber geben, warum eine bestimmte Modellierungsmethode anders ist als eine zweite, wer das entscheidet und wie lange man an diesem Thema kiefeln kann. Wobei »kiefeln« das falsche Wort ist. Im Lauf der Zeit entstanden immer wieder tiefkomische oder halb ernste Kämpfe darum, ob mikroskopische Modelle zu makrosopischen konvergieren oder ob Erstere einfach die numerische Lösung Letzterer sind. Oder eben ob ein zellulärer Automat ein Agentensystem ist. Oder umgekehrt. Oder weder noch.

Zelluläre Automaten sind, genau wie das Agentenmodell, eine mikroskopische Modellierungsmethode, haben aber üblicherweise gewisse, sehr spezielle, ebenfalls recht einfache Eigenschaften vorgeschrieben.

Im Unterschied zu Agenten handeln die Objekte (die jedenfalls keine Subjekte sind, so viel ist schon einmal klar) in zellulären Automaten nicht selbst. Zelluläre Automaten sind, wie der Name sagt, ein spezieller Fall eines »endlichen Automaten« mit Zellen. Eigentlich haben wir es auch nicht mit Objekten zu tun, die durch die Welt wuseln und sich ihren eigenen Weg suchen, wie das etwa

131

die Agenten im Bevölkerungsmodell tun, von denen jeder einzelne für ein entscheidendes und handelndes Individuum steht oder zumindest »wiedererkennbar« ist, sondern mit Zellen und ihren jeweiligen »Belegungen«. Wir drehen den Spieß also um und stellen den Hintergrund in den Vordergrund. Jede Zelle des Rasters ist belegt oder eben nicht. Ihre Freiheit ist also endlich.

Der Automat besteht daher klassischerweise aus Zellen, einem Raster, in dem diese Zellen angeordnet sind, üblicherweise wie ein Schachbrett, und einigen weiteren Faktoren. Dazu gehört die Definition einer Nachbarschaft, wie die Grenzen des Rasters aussehen, welche Zustände die Zellen einnehmen können und wie das Update des Automaten zu erfolgen hat. Das System schreibt vor, wann und wie ein Update passiert. Vielleicht haben sie noch eine Farbe, aber sie sind keine unterscheidbaren Agenten. Sie sind nur ein Zustand. (Was zwar auch auf manche Individuen zutrifft, aber das ist ein anderes Thema.)

In der Drahtwarenhandlung mag die Diskussion darüber abgekühlt sein (aber eher aus Zeitmangel denn geeinter Überzeugung), worin bei diesen beiden Modellen – zellulären Automaten und agentenbasierten Modellen – nun genau der Unterschied liegt. Martin Bicher, der davon auch in seiner Vorlesung an der Technischen Universität Wien unterrichtet, erklärt es damit, dass, wie beschrieben, bei einem zellulären Automaten der Ort der Träger des Zustandes ist. Die Zelle ist also rot oder grün oder fünf. Bei einem Agenten existiert noch eine Ebene dazwischen, er hat einen Zustand und einen Ort. Nicht mehr der Ort ist Träger der Information über den Zustand, sondern der Agent selbst weiß, wer und wie er ist.

»Game of Life«

Aber gehen wir noch einen Schritt zurück, dorthin, wo der zelluläre Automat (englisch auch: Cellular Automaton) erdacht wurde. John von Neumann (siehe Glossar) war wohl einer der genialsten oder zumindest kreativsten Köpfe in der informatischen Geschichte. Er begründete und befasste sich mit der Spieltheorie, einem weiteren wichtigen Aspekt, der mit Simulation eng verknüpft ist, aber auch mit Quantenmechanik sowie Operations Research, und er erfand die Von-Neumann-Architektur für den Aufbau moderner Computer. (Hätte ich eine Zeitmaschine, würde ich wohl zu dem von ihm gemeinsam mit Norbert Wiener (siehe Glossar) organisierten interdisziplinären Treffen zu Gemeinsamkeiten von Gehirn und Computer, das er gegen Ende des Winters 1943/44 in Princeton organisiert hat, reisen.)

Die Grundidee für selbstreproduzierende Automaten kam (auch) von ihm und Stanłislaw Marcin Ulam. Letzterer stellte die Idee vor, Neumann entwickelte sie weiter und machte sie universell einsetzbar. Das war in den 1940er-Jahren. 30 Jahre später machte der Mathematiker John Horton Conway in Cambridge die zellulären Automaten mit seinem »Game of Life« (siehe Glossar) dann so richtig berühmt.

Dabei handelt es sich um einen zweidimensionalen zellulären Automaten. Jede Zelle kann, basierend auf einigen wenigen Regeln, leben, sterben oder sich vermehren. So stirbt eine Zelle ohne Nachbarn (an Einsamkeit) ebenso wie eine, die vier oder mehr Nachbarn hat (an Überbevölkerung), wohingegen eine mit zwei oder drei Nachbarn überlebt. Es gibt noch einige weitere Regeln – und je

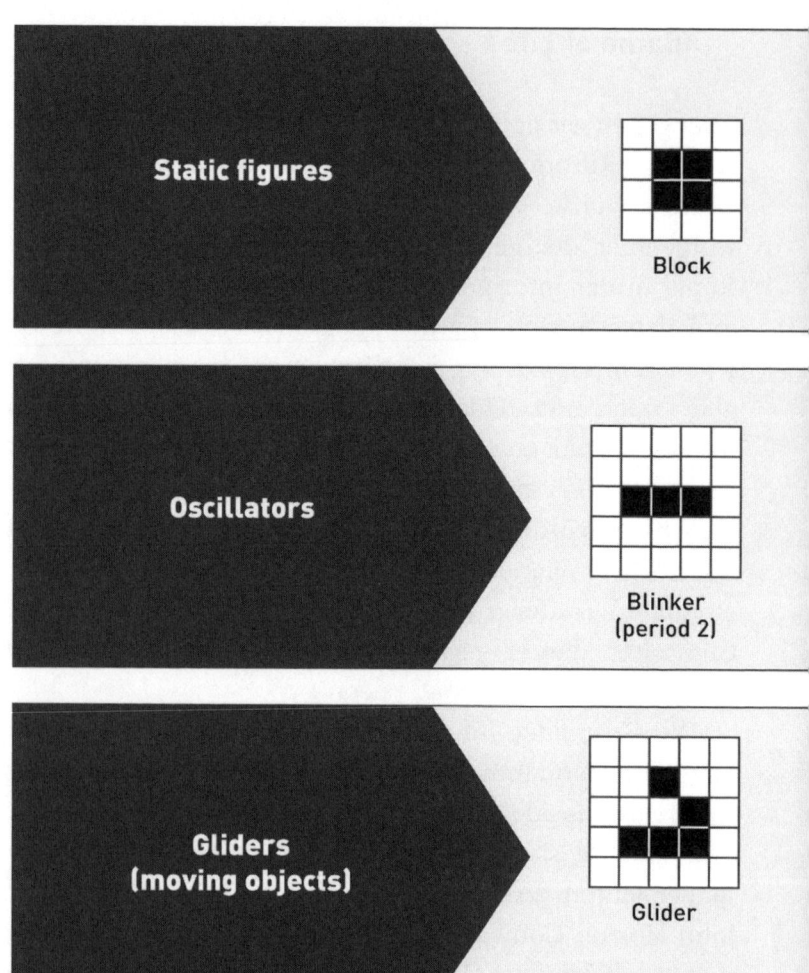

Static figures

Block

Oscillators

Blinker
(period 2)

**Gliders
(moving objects)**

Glider

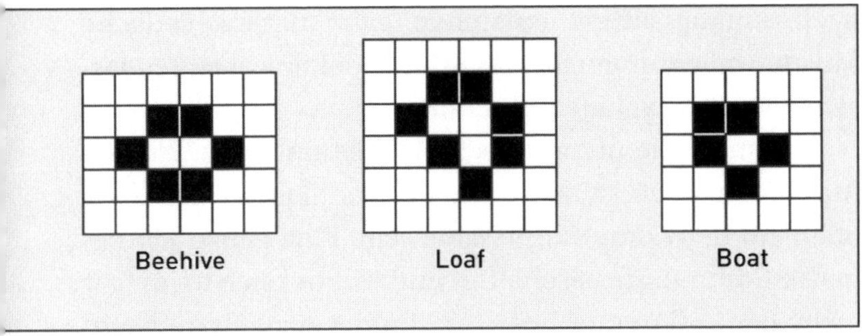

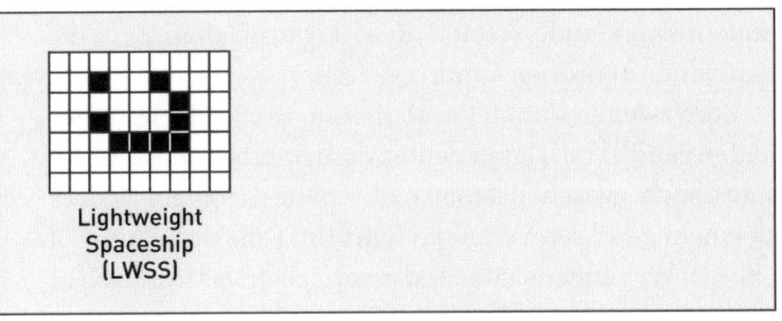

Beehive   Loaf   Boat

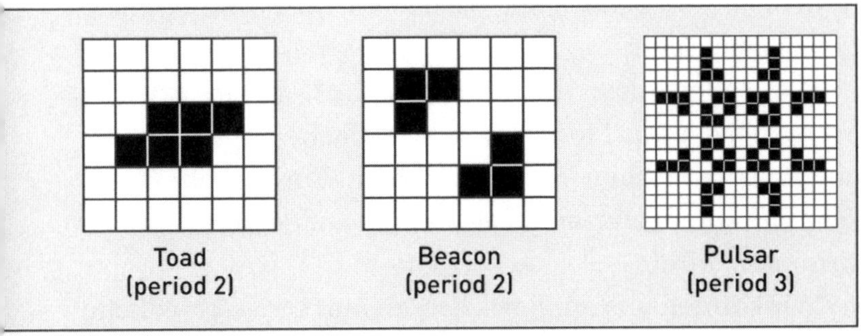

Toad
(period 2)

Beacon
(period 2)

Pulsar
(period 3)

Lightweight
Spaceship
(LWSS)

Das »Spiel des Lebens«: Jede Zelle ist besetzt (schwarz) oder unbesetzt (weiß) und kann, basierend auf einigen wenigen Regeln, leben, sterben oder sich vermehren. So stirbt eine Zelle ohne Nachbarn ebenso wie eine, die vier oder mehr Nachbarn hat. Eine Zelle mit zwei oder drei Nachbarn überlebt jedoch. Je nach Anfangssetting geht das »Spiel des Lebens« völlig unterschiedlich aus.

nach Anfangssetting entstehen ganz unterschiedliche Muster (hier können Sie das »Game of Life« ablaufen lassen: https://playgameoflife.com).

So simpel die ursprüngliche Definition von zellulären Automaten auch ist, kann ein solches Modell nach oben offen auf der Komplexitätsskala sein. Eine ganze Mathematik-Community beschäftigt und widmet sich in inniger Liebe dem »Game of Life«, um immer neue Systeme zu finden, die statisch sind, oszillieren oder immer neue Leben generieren.

Wir sehen also: Auch hier gibt es, genau wie bei agentenbasierten Modellen, sehr einfache Regeln, die zu einem dynamischen Verhalten führen. Ein Verhalten, das sehr viel komplizierter ist, als man es auf den ersten Blick vermuten würde.

Wir können uns auf Basis dessen nun unterschiedliche Dinge überlegen. Einerseits, wofür man solche Automaten nutzen kann, andererseits, ob es Eigenschaften gibt, die man ihnen zuordnen kann.

Zum zweiten Punkt: Per Definition sind zelluläre Automaten zeitdiskret. Das bedeutet, dass Abarbeitungsschritte stattfinden, zwischen denen nichts passiert, bis ein Update zu einem gewissen Verhalten führt (im Falle des »Game of Life« zu Weiterleben oder Tod einer Zelle). Das lässt sich in dem Fall gar nicht anders darstellen und ist somit eine fixe Komponente. Dabei ist »Zeit« hier ein abstrahierter Begriff, der mit unseren Minuten und Stunden nichts zu tun hat. Es ist eher der logische Kausalbegriff. Wir wissen, was zu einem Zeitpunkt passiert, und es ist eindeutig definiert, was vorher und nachher stattfindet.

Ein zweiter Aspekt ist ebenfalls fix: In jedem Fall sind zelluläre Automaten auf einem Raster definiert und somit auch raumdiskret. Interessant ist, wenn wir uns an den Überblick über Eigenschaften von Modellen in Kapitel 3 erinnern, dass es Modellierungsmethoden gibt (»Wie baue ich mein Modell?«), bei denen aus der Auswahl der Methode direkt bestimmte Eigenschaften resultieren. Das muss aber nicht sein, in diesen beiden Punkten unterscheiden sich zelluläre Automaten somit von Agentensystemen, diese können nämlich sowohl in der Zeit wie auch im Raum kontinuierlich oder diskret (siehe Glossar) sein.

Somit gibt es zwei Eigenschaften, die fixiert sind und mit denen wir bei der Lösung eines Problems leben müssen – wunderbar, solange die Fragestellung gut für eine diskrete Modellierung geeignet ist.

Anhand der zellulären Automaten können wir aber auch ein weiteres Thema veranschaulichen, nämlich Effekte, die aufgrund der Modellmethodik entstehen. Sie treten in der Realität nicht auf, sehr wohl aber im Modell. Es handelt sich dabei um sogenannte Modellfehler.

Stark limitiert

Um das Raster eines zellulären Automaten zu erklären und zu definieren, ist es am besten, sich ein Schachbrett vorzustellen – ein unendliches oder eines, das an den Seiten rechts und links und oben und unten »zusammengeklebt« ist – und dort die Figuren mit ihren Bewegungsmöglichkeiten: Sie können entweder nach vorn oder zur Seite ziehen. Damit ist das Modell stark limitiert. Denn mit einem Schritt geht es maximal in einem 90-Grad-Winkel voran, in zwei Schritten beträgt die Genauigkeit des Zuges 45 Grad, bei drei Schritten ist die

Granularität schon etwas feiner, aber immer noch sehr ungenau. Wir stellen uns nun vor, wir möchten eine Menschenmenge modellieren oder einen Partikelstrom. Wissenschaftlich können wir dann zeigen, dass es zu unerwünschten Effekten kommt, die nicht aus dem modellierten System, sondern nur aus der Wahl des Rasters resultieren. Also definitiv nicht zur realen Welt gehören, sondern ein Artefakt sind, das wir dem Modell »zu verdanken« haben.

Eine Lösung für diese Limitierung ist, das Raster statt aus Vierecken aus Sechsecken zu bauen. Dadurch ergeben sich sechs mögliche Varianten beziehungsweise Nachbarn. Das macht einen zellulären Automaten sehr viel genauer und reduziert den unerwünschten Effekt, weshalb man heute zur Modellierung Sechsecke mit komplizierten Belegungen verwendet. Ein zellulärer Automat, egal wie komplex und ausgetüftelt, ist und bleibt aber, wie jedes Modell, eine vereinfachte Darstellung der Welt und hat immer Einschränkungen. Wir müssen jeweils die Vor- und Nachteile der Methodik abwägen, uns der Nachteile bewusst sein und die Stärken eiskalt ausnützen.

Agenten, die sich im Raum kontinuierlich bewegen können und quasi jede beliebige Änderung vornehmen können, sind zwar genauer, aber andererseits ebenfalls limitiert, nämlich zum Beispiel dadurch, dass diese Änderungen nicht so schnell und einfach zu berechnen sind. Zelluläre Automaten hingegen sind supereffizient zu berechnen, auch weil man sie sehr gut parallelisieren kann. Haben wir eine sehr große Fläche, wird sie am Computer beispielsweise halbiert, jede Seite für sich berechnet und nur geschaut, was an der Schnittfläche passiert. Ein Vorgang, der im Vergleich zu einem Agenten-Modell relativ über-

schaubar und wenig aufwendig ist. Deshalb werden zelluläre Automaten verwendet, um zum Beispiel Partikel-
ströme zu berechnen. Dabei muss eine sehr große Zahl an
einzelnen Partikeln berechnet werden, bei denen uns aber
nicht interessiert, ob ein Partikel wiedergefunden werden
kann. Sie müssen andere Eigenschaften erfüllen, etwa der
Masseerhaltung folgen und anderen physikalischen Regeln.

Interessanterweise spiegeln bestimmte zelluläre Automaten die numerische Lösung der Boltzmann-Gleichun-
gen wider, komplizierter Differentialgleichungen, die eine
Gleichung für die statistische Verteilung von Teilchen in
einem Medium sind. Dabei treten sie als sogenannter
Lattice-Boltzmann-zellulärer-Automat in Erscheinung.
Und da sind wir auch wieder an dem Punkt, dass Wissenschaftlerinnen und Wissenschaftler, die aus dem Bereich
der zellulären Automaten kommen, sagen würden, dass es
sich um einen zellulären Automaten mit einigen Spezial-
eigenschaften handle. Physikerinnen und Physiker, die die
Gleichung lösen möchten, würden jedoch möglicherweise
gar nicht auf die Idee kommen, dass die Lösung auch als
zellulärer Automat zu betrachten ist. In der Praxis ist das
im Grunde auch egal, dennoch ist es ein interessantes
Beispiel dafür, wie die verschiedenen Methoden manchmal bewusst und manchmal gar nicht so klar definiert
zusammenhängen. Dazu kommen wir auch im Folgenden.

Klingt kompliziert, ist es auch

Modelle wie die zellulären Automaten kommen aus dem
Bereich der Informatik. Dahinter steht ein Programm, das
besagt:»Erstelle ein Raster und fülle es nach diesen Regeln.«

Modelle werden hier meist durch Algorithmen beschrieben, die Formalisierung erfolgt also durch eine wohldefinierte Anzahl an einzelnen Schritten, die das Problem lösen (sollten). Ein Modell, das aus der Mathematik kommt, ist in der Regel durch Formeln, Funktionen oder Gleichungen, wie zum Beispiel Differentialgleichungen, beschrieben. Das Problem ist, dass Mathematik und Informatik zwar sehr ähnlich sind, aber mittlerweile teilweise eben unterschiedliche Sprachen sprechen: algorithmische beziehungsweise mathematische (formel- und gleichungsbasierte) Formulierungen, was tatsächlich so ist, als wäre es Finnisch und Japanisch. Wir müssen also zwischen diesen Sprachen übersetzen, allein schon, um Modelle vergleichen zu können (dazu mehr in Kapitel 11).

Als dritte Variante hatten wir im Überblick die mathematisch-grafischen Varianten kennengelernt, wie System Dynamics, die beim Übersetzen helfen. Sonst haben wir zum Glück einerseits Wörterbücher und Übersetzungshilfen, zum Beispiel, um eine Formel in einen Algorithmus (siehe Glossar) zu übersetzen (meiner Ansicht nach sind das im Übrigen die spannendsten Vorlesungen im Mathematikstudium). Man kann aber auch den anderen Weg gehen.

Wir haben uns etwa die Frage gestellt, ob es möglich ist, zelluläre Automaten aus der Welt des Schachspielrasters in die Welt der abstrakten Formeln zu bringen. Einer unserer Mitarbeiter, Günter Schneckenreither, hat dazu in seiner Diplomarbeit eine theoretische Definition zellulärer Automaten entwickelt.[25] Dazu gehört etwa, dass es kein Raster und keine Fläche sein muss, sondern ein ganz abstraktes, theoretisches Gebilde, mit der einzigen Vorgabe, dass die Zellen gleich sein müssen.

Präsentation der verallgemeinerten Definitionen von zellulären
Automaten am Collaborative Research Center »Quantitative
Methods for Visual Computing«, Universität Stuttgart 2019

Jeder einzelne Parameter muss genau definiert sein:
Wie ist die Zelle? Wie das Raster? Wie ist Nachbarschaft,
Grenze, Zustand definiert? In welchem Abstand passiert
ein Update? Dies alles muss mathematisch definiert
werden, dann kann ein zellulärer Automat auch vier-
dimensional oder fünfdimensional sein. In der Mathematik ist das möglich, auch wenn wir es uns vielleicht nicht
vorstellen können. Die Dimensionen in der Mathematik
sind aber so: Es kommt einfach immer eine dazu oder weg.
(Wer sich näher mit der Idee der Zweidimensionalität ein-
lassen möchte, dem sei die Science-Fiction-Novelle *Flatland* [1884] von Edwin Abbott Abbott ans Herz gelegt![26])

Der zelluläre Automat kann also n-dimensional sein – er funktioniert genau wie ein zweidimensionaler, ganz unerheblich, ob wir uns das vorstellen können oder nicht. Durch Induktion kann ich sagen: Ja, das funktioniert genauso. Es gibt mathematische Beweise, die nur für bestimmte Dimensionen und andere, die eben für n Dimensionen funktionieren – und dann gibt es jene für unendlich viele Dimensionen.

Zur Anwendung kommen zelluläre Automaten etwa im Bereich Fluid Dynamics. Hier wird gerechnet und modelliert, wie sich Gase und Flüssigkeiten ausbreiten oder Körper umströmen. Ströme von Menschen lassen sich ebenfalls mit einem zellulären Automaten sehr schön darstellen. Auch in diesem Bereich sind zelluläre Automaten im Grunde die modellhafte Darstellung einer numerischen Lösung von Differentialgleichungen.

Kapitel 8
Benchmarking

Hüpfende Bälle, ein halbes Jahr in Barcelona
und Modelle und Modellierer auf dem
Prüfstand

Schon während seines Studiums beschäftigte sich
Niki Popper damit, unterschiedliche Simulations-
Software und Modelle zu vergleichen,»Benchmarking«
nennt man das. Benchmarking gibt es in allen möglichen
Bereichen, so werden etwa auch Computer»gebench-
markt«, um zu sehen, wie schnell sie laufen.

Nikis Doktorvater Felix Breitenecker war bereits damals
in den 1990er-Jahren Herausgeber der Zeitschrift *Simulation News Europe* (heute *Simulation Notes Europe* https://
sne-journal.org/home). Darin erschienen Artikel, die sich
damit beschäftigten, wie man Modelle und Simulations-
Software anhand kniffliger Fragestellungen miteinander
vergleichen kann.[27] Ein scheinbar harmloses Problem war
etwa ein hüpfender Ball.

»Das ist ein schönes Beispiel, wie man numerische
Genauigkeit von Simulatoren vergleichen kann. Man muss
genau wissen, wann der Ball im Computermodell den
Boden trifft«, sagt Niki,»damit man richtig berechnen
kann, wie er weiterhüpft.« Weil der Computer aber nicht
exakt rechnet, sondern in diskreten Schritten, gibt es das
Problem, dass der simulierte Ball entweder nicht ganz
den Boden berührt oder aber in den Boden hineinsinkt.
Dadurch wird sein Weiterhüpfen sozusagen immer fal-
scher.

Besonders spannend war die Vielfalt der Problemstellungen. Es gab Fragen, die konnte man nur mit diskreten oder nur kontinuierlichen Modellen abbilden, andere sowohl als auch. Es gab einfache Warteschlangen, aber ebenso Produktionsanlagen, kollidierende Sphären oder auch die »Dining Philosophers«.

Mit Beispielen wie diesen begann Niki damals, zu vergleichen, welche Software für welches Gebiet am besten geeignet ist. Dafür wurde die damalige Gruppe von Felix Breitenecker international bekannt.

1997 verbrachte Niki ein halbes »Erasmus«-Jahr in Barcelona und studierte an der Universitat Politècnica de Catalunya. Dabei erwies sich der Umstand, dass mittlerweile die offizielle und damit auch die Unterrichtssprache Katalanisch und nicht mehr Kastilianisch war, als Problem – wie auch das gute Wetter im Frühling und die jugendliche Unvernunft. »Ich wollte so wenig Aufwand wie möglich betreiben und habe mir ein Projekt gesucht, bei dem ich einen neuen diskreten Simulator, der an der Uni geschrieben worden war, mit unseren Benchmarking-Beispielen testen konnte«, erinnert er sich. Es handelte sich um einen diskreten Simulator, der dazu geeignet war, Probleme bei Logistikprozessen oder Warteschlangen zu lösen. Und er gibt zu, dass er während seines Auslandsaufenthaltes, außer am Strand zu liegen, mit Freunden durch die Stadt zu ziehen, Zeitung zu lesen und den Simulator zu testen, wenig gemacht hat. Es zeigte sich, dass der Simulator nicht so gut war wie erhofft. »Ich habe ihnen immer wieder schonend beibringen müssen, dass das Ding nicht so gut funktioniert.«

Am Tag vor seiner Rückreise suchte er den Institutsvorstand auf und bat ihn um ein Zeugnis. »Der sagte:

›Aber Herr Popper, ich dachte, das mit dem Simulator sei Ihr Hobby und Sie würden auch echte Vorlesungen besuchen.‹«

Nach zwei Stunden Überzeugungsarbeit und Diskussionen mit ihm und seinen Mitarbeiterinnen und Mitarbeitern waren alle sauer, weil der kleine Bub aus Wien ihnen erklärt hatte, warum und wo überall ihr Simulator eben nicht funktionierte – und dafür auch noch ein Zeugnis haben wollte.

Den Finger in die Wunde

Das Zeugnis, das er schließlich bekam, war aber nicht das Beste an den Benchmarking-Projekten. »Wir haben dadurch immer wieder sehr coole Menschen kennengelernt, nämlich die Erfinderinnen und Erfinder der Simulatoren und neuer Modellierungskonzepte.«

In Wien bekam die Forschungsgruppe etwa Besuch von Cleve Moler, dem Erfinder von Matlab (siehe Glossar), der weltweit führenden allgemeinen Software zur Lösung mathematischer Probleme. Matlab ist mittlerweile so etwas wie das Schweizer Taschenmesser im Bereich der wissenschaftlichen und Ingenieursberechnungen. Die Expertinnen und Experten für Benchmarking der Technischen Universität Wien und später der dwh waren von Moler und seinem Team gefürchtet, weil sie mit immer neuen Toolboxen und Gimmicks vorbeikamen und diese stolz präsentierten. Niki und seine Kolleginnen und Kollegen wussten genau, wo die Punkte waren, an denen das Programm nicht konsistent war und vielleicht doch noch nicht so gut funktionierte, wie von den Marketingexperten versprochen.»Ab und zu haben sie versucht, uns mit gutem Essen zu ›bestechen‹, also die Stimmung zu steigern, damit wir möglichst wenig sagen oder unsere Kritik zumindest höflich formulierten bei ihren Präsentationen.« Das ist natürlich nicht ganz ernst gemeint, der Austausch damals war offen und voller Wertschätzung. Tools profitieren – ähnlich wie heute die Sicherheit von Netzwerken – von Menschen, die wissen, wo es wehtut, wenn man hingreift. Doch Hersteller möchten natürlich nicht, dass man es an die große Glocke hängt, wenn etwas nicht optimal funktioniert. Es ist nur fair, Fehler zuerst den Herstellern zu kommunizieren, und erst dann, wenn sie nicht reagieren, (so es notwendig ist) diese zu veröffentlichen.

Bis heute, sagt Niki, nehme er dieses Wissen aus der Zeit des Benchmarkings mit. Seither weiß er, welche Fragen er stellen muss, um herauszufinden, ob ein Modell, ein Programm oder eine Simulation Sinn ergibt, wo die Wunde ist, in die er den Finger legen muss.»Durch das Benchmarking habe ich ein sehr genaues Auge entwickelt.« Kam ein Entwicklungsteam und sagte: Unsere Software kann alles rechnen und noch dazu schnell und immer richtig – war und ist Nikis Frage: Ah, wie genau habt ihr diesen oder jenen Punkt gelöst?

»Das Wissen darüber, wie Simulatoren funktionieren und wie sie funktionieren sollen, ist wohl das größte ›Vermächtnis‹ meines mittlerweile pensionierten Doktorvaters Felix Breitenecker«, sagt Niki. Auch wenn die Fragestellungen heute natürlich ganz andere als noch vor zehn oder 20 Jahren sind. So gelten Probleme wie der springende Ball mittlerweile in allen professionellen Tools als gelöst. Die Software aus Barcelona ist nicht der nächste große Hit des nächsten Jahrtausends geworden, anders

Bei Ausbleiben von Süßspeisen wurden die akademischen Prozesse entsprechend in die Küche der Drahtwarenhandlung verlegt, um dem Bedarf Nachdruck zu verleihen (2013).

als Matlab mit weltweit Millionen Usern. »Heute haben wir nicht mehr so viel Zeit zum Benchmarken, aber ab und zu macht es Spaß, Simulatoren, die behaupten, alles zu können, ›aufzublatteln‹«, sagt Niki. Er schwört, das habe nichts mit Bösartigkeit zu tun, es gehe eher darum, daraus zu lernen, was man besser machen kann und muss, um die Probleme, die anstehen, zu lösen.

Felix Breitenecker ist nach wie vor (öfter als seiner Frau lieb ist) in seinem Büro in der Technischen Universität Wien anzutreffen. Die gemeinsamen Mittagessen mit Niki, Martin Bicher, Andreas Körner und den anderen Kollegen aus seiner ehemaligen Gruppe sind seltener geworden, aber umso denkwürdigere Anlässe, besonders wenn sie in der Drahtwarenhandlung stattfinden. Dort war es schon zu Felix' Zeiten Tradition, dass sich die gesamte

Gruppe traf – zum Verteilen der anstehenden Bench-marks, zum Besprechen der gelösten Probleme oder ein-fach zum gemeinsamen Essen und Trinken.

Die Achse zwischen der Drahtwarenhandlung, eigent-lich mittlerweile der dwh GmbH, und der Technischen Uni-versität Wien wurde durch diese an sich ausgelassenen Events so ganz nebenbei auch wissenschaftlich weiter vertieft. Niki hatte nach abgeschlossenem Diplomstudium die Uni verlassen, und erst nach einiger Zeit wurde schritt-weise über gemeinsame Forschungsprojekte die »Pipe-line« zwischen Erforschung neuer Modellierungs-methoden und deren Umsetzung aufgebaut, die dann auch professionalisiert werden sollte. Gemeinsame Forschungsanträge waren – wie in so vielen Fällen – die notwendige Voraussetzung, um die Beteiligten auch finanzieren zu können.

Um das rege Hin und Her zwischen Drahtwarenhandlung und Technischer Universität Wien zu unterstützen, wurde eine kleine, aber feine Fahrradflotte angeschafft.

So ging es schrittweise voran, und neben den gemeinsamen Essen wurden es auch immer mehr Seminare und Workshops, die in der Drahtwarenhandlung abgehalten wurden. Über die Kooperation mit der eigenen »alten« Gruppe wurden so Kontakte an weitere Fakultäten der Technischen Universität Wien, aber auch an die Universität Wien, die medizinische Universität Wien, die Universität für Bodenkultur und viele mehr aufgebaut. Das Wichtige daran ist für Niki nicht das Namedropping, sondern auch etwas, was er bei Felix gelernt hat: variatio delectat. Wenn Niki von seiner Arbeit spricht, glänzen seine Augen, (auch) weil er, wie er sagt, den Luxus hat, jeden Tag mit ganz anderen tollen Menschen zu sprechen und zu arbeiten. Dieser Luxus kommt aus der Vielfalt der Menschen, mit denen man sich umgeben darf, und aus den Möglichkeiten, die ihnen am Lebensweg gegeben werden.

Felix Breitenecker war es auch, der alle Studierenden in seinem Team sehr früh dazu »nötigte«, wissenschaftliche Publikationen zu schreiben, waren sie auch noch so bescheiden. Es ging immer darum, das Schreiben, aber genauso das Vortragen zu lernen und zu üben. So reiste Breitenecker in den 1990er-Jahren mit dem gesamten Team, auf mehrere Autos verteilt, zu einer Konferenz nach Glasgow. Und es folgten viele weitere Besuche von Konferenzen, zu denen bereits Diplomandinnen und Diplomanden mitgenommen wurden. Dabei war eine Prüfung der jungen Menschen, dass zwar sehr wohl gefeiert werden durfte (und sollte), aber wenn der Vortrag am nächsten Tag um neun Uhr früh am Programm stand, gab es kein Erbarmen.

Legendär waren dann ab den späten 1990er-Jahren die Summer Schools. Kurse, bei denen sich Vortragende und

Studierende für eine Woche gemeinsam an einem möglichst abgelegenen Ort trafen, um konzentriert zu arbeiten. Vom aktuellen Stand ihrer Arbeiten zu berichten und danach möglichst kondensiert Feedback zu erhalten. Die Summer Schools der »Modellbildung und Simulation«-Gruppe fanden traditionell in einem abgelegenen Haus in der Toskana in Siena statt. Dort wurde gearbeitet, gekocht, getrunken und im Scheinwerferlicht der abgestellten Autos die halbe Nacht Fußball gespielt.

»Felix Breitenecker geht es immer um die Gemeinsamkeit und auch um die Breite, darum, dass Bildung und Ausbildung kein Vorrecht privilegierter Einzelner ist«, sagt Niki. »Es geht ihm weniger um die Exzellenz. Lieber gemeinsam auf eine Konferenz fahren als ein supertolles Paper in einem Journal unterbringen, ist seine Maxime.«

Breitenecker hatte großen Einfluss auf Nikis Arbeit und damit auf die Entwicklung der Drahtwarenhandlung. »Mit Sicherheit wäre unser Weg ohne ihn anders verlaufen«, sagt Niki. »Vielleicht hätten wir einen höheren wissenschaftlichen Impact. Aber es ist, wie es ist. Von Felix haben wir jedenfalls den scharfen Blick auf das, was beim Modellieren Sinn ergibt, gelernt – und dass man auf die Fettnäpfchen aufpassen muss.«

Bis vor wenigen Jahren wurde Benchmarking in der Drahtwarenhandlung intensiv betrieben, es waren viele Simulations-Softwaretools auf dem Prüfstand. Zum einen, um so viel Wissen wie möglich über die Programme zu erwerben, zum anderen, um sie zu testen.

Wie etwa Anylogic (siehe Glossar), eine weltweit sehr erfolgreiche Software, die von Beginn an in der Lage war, drei unterschiedliche Modellierungsmethoden zu verbinden: System Dynamics, diskrete Simulation und

Niki und Prof. Felix Breitenecker am Nordseestrand am Nachmittag eines gemeinsamen Konferenzbesuches 2014

agentenbasierte Modellierung. Aufgrund seines Interesses an sogenannten hybriden Modellen weckte das natürlich die Aufmerksamkeit des Teams.

Andrei Borshchev ist Mitgründer und CEO von Anylogic aus St. Petersburg. »Auf Fachkonferenzen sieht man Andrei selbst selten oder nur vorbeihuschen, zu greifen bekommt man nur Mitarbeiter drei Ebenen unter ihm«, sagt Niki. »Aber in die Drahtwarenhandlung ist er gerade zu Beginn öfter gekommen und hat mit uns diskutiert, wie sie die Software weiterentwickeln sollen.« Sie wollten einen Simulator schreiben, eine Art Alleskönner-Software, die Probleme sowohl aus dem Bereich Wirtschaft wie auch Logistik, aber ebenso physikalische Probleme lösen können sollte. »Wir sagten ihm: Vergiss es. Das ist unmöglich.« Die Entwickler probierten danach noch ein halbes

Jahr, die Software zu programmieren, gaben aber schließlich auf. Heute ist Anylogic auf Anwendungen aus Wirtschaft, Logistik, Produktion, Gesundheit und ähnlichen Bereichen fokussiert und hat die Physik anderen überlassen.

»Wir hatten den Luxus, mit sehr vielen Erfindern und Erfinderinnen von Tools oder Modellierungskonzepten, die weltweit entwickelt wurden, zu tun zu haben.« Zum Beispiel mit Bernard Zeigler, Professor emeritus an der University of Arizona, der Discrete Event System Specification (DEVS) »erfunden« hat. Dieser Kontakt führte später zu einem weiteren Fortschritt in der Modellierung von modernen Produktionsanlagen. Und dennoch kam es ihnen nie in den Sinn, die nächste Supersoftware auf den Markt zu bringen. In der Drahtwarenhandlung werden zwar ständig eigene Simulatoren programmiert, aber nicht für den Verkauf. »Die Firma Siemens hat beispielsweise einen Simulator für Logistikprozesse gebaut, mit dem weltweit Produktionsanlagen simuliert werden. Das interessiert uns nicht.«

Was Niki interessiert: eine konkrete Fragestellung zu lösen, zu der ein maßgeschneiderter Simulator entwickelt oder ein bestehender weiterentwickelt wird. Ein gelöstes Problem mitsamt Simulator, keine Software von der Stange. »Wir wollen ja nicht stinkreich werden.«

Kapitel 9
Modellvergleich

Von der Unzulänglichkeit von Modellen und warum Demut erforderlich ist

Fangen wir so an: Wie kommt man überhaupt zur Modellierung? Ein Weg, der auch der meine war, ist die Mathematik. Aber nicht jede Mathematikerin, jeder Mathematiker wird sich schließlich in diesem Bereich wiederfinden. Jemand, der sich für Mathematik interessiert und zu studieren beginnt, vertieft sich nach dem Grundstudium vielleicht in Topologie (siehe Glossar) oder beschäftigt sich mit der Verteilung von Primzahlen und möchte die Riemannsche Vermutung beweisen. Oder aber er oder sie fängt irgendwann damit an, dynamische Prozesse zu modellieren. Prozesse also, die sich über die Zeit verändern und nicht rein von außen gesteuert werden, sondern wo es eine Interaktion gibt im System, einen Regelungsmechanismus, eine Interaktion zwischen Subsystemen wie Agenten, Individuen oder Entities (im Unterschied zum Agenten, der einen freien Willen hat und selbst handelt, werden diese gehandelt oder behandelt), sprich: etwas, das es spannend macht und sich über die Zeit verändert.

Der Ausgangspunkt dafür ist für Mathematikerinnen und Mathematiker sehr oft die nun schon bekannte Differentialgleichung. Damit fängt man aus der Naturwissenschaft kommend normalerweise an, als Methode, die Phänomene der Welt zu beschreiben. Dabei bieten sich unterschiedliche »Anwendungen« an, denn als solche lernt man als Mathematikerin oder Mathematiker die Welt kennen: Erst kommt die Theorie, dann die Anwendungen.

Aus einer etwas anderen Richtung kommen Informatiker: Sie fangen mit Datenstrukturen, Programmieren und der logischen Betrachtung von Prozessen an, haben meist einen sehr algorithmischen Ansatz, denken in Zeilencode. Es sind oft sie, die diskrete Modelle machen (Modelle also, die etwas »abarbeiten« – eine Produktionsanlage beispielsweise, siehe Kapitel 3).

So kommt jeder mit seiner Sicht auf die Welt an – und möchte sie abbilden. Ein und dieselbe Sache wird durch unterschiedliche Modelle nachgebaut.

Eine Straßenkreuzung, beispielsweise.

Es gibt verschiedene Ansätze, sie zu modellieren. Indem man jedes einzelne Auto simuliert etwa, als Agent zum Beispiel. Inklusive Beschleunigung und Geschwindigkeit. Man könnte das in einem physikalischen Modell nachbauen, zeigen, wie Autos fahren und zusammenkrachen, inklusive Gegenwind und Spritverbrauch.

Man könnte sich aber auch mit der gleichen Berechtigung für ein diskretes Modell entscheiden, also sagen: Mein Auto ist ein Objekt, die Ampel entscheidet, ob sich das Objekt bewegen darf, und wenn sie auf Grün schaltet, gibt es einen Ablaufplan, der sagt, welches Auto zuerst fahren darf. Man könnte die Straßenverkehrsordnung hineinprogrammieren – rechts vor links, Vorrangstraße – und das Ganze ablaufen lassen. Das wäre in Zukunft wohl sehr passend, wenn autonome Autos ohnehin von Algorithmen gelenkt werden. Heute würde es den freien Willen (oder Unwillen) der Fahrerinnen und Fahrer wahrscheinlich zu wenig berücksichtigen.

Genauso gut könnte man die Kreuzung mit sogenannten Graphen simulieren. Ein Graph hat keine zeitliche Abfolge, sondern folgt einer Logik. Man könnte damit simulieren, ob die Kreuzung funktioniert, ohne dass es zu einem Deadlock kommt, bei dem eine Spur beispielsweise nie grünes Licht bekommt. Sie erinnern sich an die Petri-Netze aus Kapitel 2 ...?

Zu guter Letzt kann man sich den Straßenverkehr wie einen Partikelstrom vorstellen. Dabei interessieren uns nicht mehr einzelne Eigenschaften von Autos, sondern wir betrachten den Verkehrsstrom wie eine Flüssigkeit, deren Dichte wir im Modell abbilden. Bunte Bilder von sich komprimierenden Automolekülen und sich wieder auflösenden Engstellen wären das Ergebnis. Und als Methode kämen hier sogar zwei Ansätze infrage. Zelluläre Automaten oder doch lieber Differentialgleichungen?

Es sind nur vier aus vielen – gleichberechtigten – Antworten auf die Frage, wie die Welt funktioniert und wie wir sie formalisieren können. In der dwh sagen wir: Erst wenn du verstehst, dass du die Kreuzung auf viele verschiedene Arten modellieren kannst, aus vielen verschiedenen Gründen (Was möchte ich herausfinden? Möchte ich etwas verbessern? Die Energieeffizienz? Die Wartezeit? Geht es um die grundsätzliche Machbarkeit?), kommst du auf die Idee, Modelle zu vergleichen. Unser Ausgangspunkt sind immer wieder die Fragen: Welche Eigenschaft soll mein fertiges Modell haben? Wie baue ich mein Modell? Und: Wie berechne ich mein Modell?

Von Modellierung und Modell

Der Prozess, wie ein Modell entsteht, ist fast genauso spannend wie das fertige Modell, mit dem man dann idealerweise herumexperimentieren oder sogar Probleme lösen kann. Dieser Prozess sieht wie folgt aus:

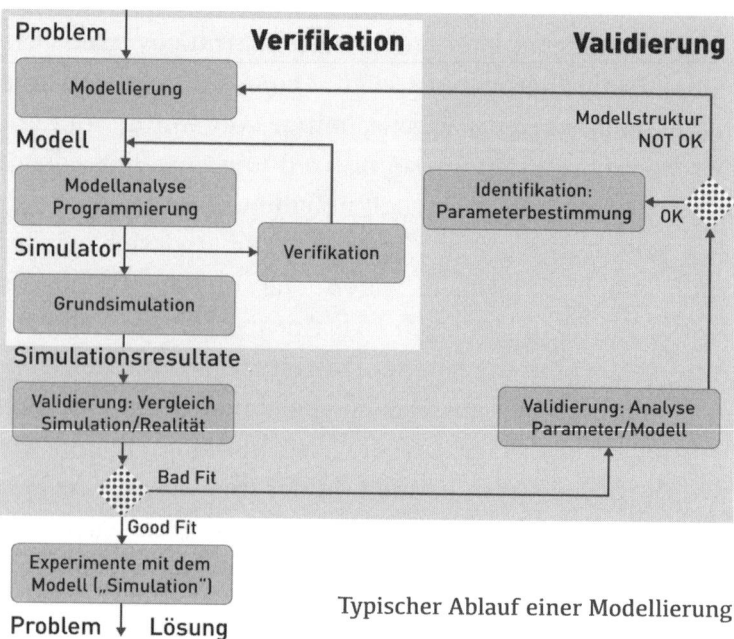

Typischer Ablauf einer Modellierung

In den »Kasterln« ist hier jeweils der Schritt in der Modellierung dargestellt, außerhalb die jeweils erzielten Ergebnisse. Im Block Modellierung ist dabei ein ganz großer Teil der bisher besprochenen Aspekte inkludiert: die Überlegung, welche Fragen ich eigentlich beantworten möchte und welcher Modellansatz sich am besten eignet. Im Falle von System Dynamics »modelliere« ich hier bereits meine Zusammenhänge und Prozesse. Bei einem Agentenmodell werden hier die Regeln definiert, an die sich die Agenten halten müssen. Im Block Programmierung wird das Modell dann im Computer implementiert. Aus einem abstrakten Modell wird ein lauffähiger Simulator. Der kümmert sich dann (üblicherweise) auch darum, wie das Modell berechnet wird – der Punkt, vor dem wir uns immer noch gedrückt haben. Dazu kommen wir in Kapitel 11, zuvor wollen wir uns aber noch überlegen, wie die Aspekte der gestellten Frage, der verfügbaren Daten und des menschlichen Wissens über ein System unsere Modellierung beeinflussen (sollten).

Pneumokokken, again

Wir kommen zurück auf eine unserer ersten Modellierungen im Gesundheitsbereich, die Pneumokokkenimpfung (siehe Kapitel 4). Bei diesem Auftrag gab es bereits ein Modell, das der Auftraggeber gebaut hatte. Der Ansatz war gut, aber bestimmte Effekte, die interessant und wichtig waren, waren in diesem Modell nicht erfasst worden. Etwa der sogenannte Serotypenshift, der Effekt also, dass, wenn nur einige wenige von zig Stämmen durch die Impfung ausgeschaltet werden, die übrigen sich umso stärker vermehren.

Das war spannend, denn grundsätzlich steht dahinter die Frage: Woher kommen Fehler in Modellen?

Sehr oft hören wir Kritik von außen, wir würden glauben, die Weisheit mit Löffeln zu uns zu nehmen. Unsere Grundaussage ist aber genau das Gegenteil. Wir verstehen, dass unsere Modelle nichts mehr als Krücken sind beim Versuch, die Realität abzubilden. Das ist unser philosophischer Ansatz. Wir wissen, dass unsere Modelle Fehler machen. Deshalb ergibt ein Modell nur Sinn im Kontext mit einer Forschungsfrage und der Feedbackschleife aus dieser Forschungsfrage, den vorhandenen Daten und dem verfügbaren Systemwissen. Je komplexer die Forschungsfrage, desto mehr Daten und Systemwissen brauchen wir. Wenn wir darüber nicht verfügen, müssen wir Fragen unbeantwortet lassen.

Je mehr Daten vorhanden sind und je weniger Systemwissen, desto eher würde man ein Datenmodell bauen. Ein Black-Box-Modell kann oft gut beschreiben, warum Ergebnisse so sind, wie sie sind, ohne wirklich zu verstehen, was »dahinter«steckt.

Ist mehr Systemwissen als Daten vorhanden, könnte man ein kausales Modell konstruieren. Das bedeutet oft, dass der Aufwand der Parametrisierung enorm hoch wird – oder aber, dass man gar nicht genug Daten hat, um quantitative Modelle zu bauen, und sich mit Analysen zur »Wirkweise« begnügen muss.

Das Modell als Krücke

Ein Modell ist also immer eine Krücke und kann überhaupt nur im Kontext von Forschungsfrage, Daten und Systemwissen existieren. Daher werden, das ist klar, Fehler passieren. Unsere Modelle werden unzulänglich sein. Sie werden Fehler machen. Im guten Fall so, dass wir uns der Fehler bewusst sind, im schlechteren Fall so, dass wir überrascht werden. Und dadurch wieder dazulernen.

Deshalb, und das bringt uns zurück zum Vergleich, vergleichen wir die Modelle mit dem Realsystem – der Realität, die ich sehen und messen kann.

Ich sehe, dass sich das Auto von rechts nach links bewegt. Will ich wissen, wie schnell es sich bewegt, messe ich an zwei Punkten, überlege, ob es sich dazwischen gleichförmig bewegt, beschleunigt oder bremst. Ich messe also die Realität und leite daraus meine Ergebnisse ab. Dies ist ein grundsätzlicher Bestandteil der Erkenntnistheorie, siehe Newton, der Apfel und die Gesetze der Schwerkraft, die er daraus ableitete. Einerseits gehört dazu das Messen, wo der Apfel wie schnell und an welchem Punkt herabfällt – andererseits das Ableiten einer Theorie aus diesen Beobachtungen.

Bei modernen, komplizierteren Modellen machen wir nichts anderes. Wir bauen ein Modell und vergleichen dieses dann mit der Realität. Wir gleichen es mit dem vorhandenen Expertenwissen ab, also Beschreibungen dessen, was Expertinnen und Experten wissen und beobachten. Der naivste Vergleich aber ist der: Wir modellieren die Realität und lassen die Simulation ablaufen. Wenn nicht das Gleiche herauskommt, haben wir einen Fehler gemacht.

Verifikation und Validierung

Um festzustellen, ob das Modell funktioniert, gibt es im Modellierungsprozess zwei wichtige Schritte: Verifikation und Validierung (siehe Abbildung oben).

Der Vergleich zwischen dem formalen Modell und der »Simulation«, also dem fertig umgesetzten Computerprogramm, ist die Verifikation. Sie hat nichts mehr mit der wahrgenommenen Realität zu tun. Es handelt sich um eine technische Angelegenheit, die darauf hinweist, ob das Modell so, wie wir es formal geplant hatten, nun auch richtig programmiert wurde. Berechnet das Programm bis auf einen vorgegebenen Fehler die Gleichungen korrekt – und zwar für alle möglichen Input-Daten? Dabei ist es noch unerheblich, ob unser Modell die Realität richtig darstellt, es ist allein die Überprüfung zwischen Gleichung oder formalem Modell und dem implementierten Code. Der Vergleich zwischen dem Ergebnis (wie fahren die Autos in der Simulation) und der Realität (das tatsächliche Geschehen auf der Kreuzung) ist die Validierung. Sie ist weit aufwendiger und gibt Auskunft darüber, ob mein Modell für den Bereich, den ich abbilden möchte, das Richtige macht. Wenn ja, kann ich es in die Zukunft fortsetzen und Szenarien rechnen – was passiert, wenn ich am System etwas ändere?

Modellvergleich

Aus der Problematik, wie sich die Differenz zwischen dem Modell und der Realität überhaupt identifizieren lässt einerseits und der vielen Kontaktpunkte zwischen verschiedenen Modellierungsarten und auch den Modellierungsschritten, also wie sich zum Beispiel Modellierung, Implementierung und Lösung teilweise überschneiden, kam irgendwann der Wunsch nach dem Modellvergleich.[28]

Wir haben vorhin festgestellt, dass ein formales Modell eine Differenz zur Realität aufweist. An dieser Stelle ließe sich philosophisch diskutieren, ob und wie die Realität überhaupt wahrnehmbar ist und dass sie, wenn überhaupt, nur pseudoobjektiv messbar ist. Jedenfalls hat jedes Modell Fehler, das ist uns klar. Manchmal kennen wir sie, manchmal nicht. Manchmal kann ich eine Woche zuschauen und dann feststellen: Oh, ich habe mich verrechnet. Manchmal weiß ich nicht, ob ich mich verrechnet habe. Und manchmal weiß ich auch gar nicht, ob ich nicht weiß. Auch hier wieder, Philosophie. In diesem Spannungsfeld ergibt der Vergleich von Modellen Sinn. Wir bauen also ein zweites Modell mit ganz anderen Methoden. Ein Modell, in das die Parameter ganz anders integriert werden müssen.

Ein klassisches Räuber-Beute-Modell liefert unser Beispiel: das Modell eines Waldes, in dem Füchse und Häschen existieren.

Wir können daraus ein mikroskopisches Modell bauen: Wir zeichnen die Tiere einzeln auf, als Agenten. In diesem Modell laufen Füchse und Häschen herum. Bringt ein Fuchs ein Häschen um, gibt es ein Häschen weniger. Dafür vermehren sich die Häschen. Und die Füchse sterben entweder an Altersschwäche oder weil sie verhungern. Dann nämlich, wenn zu wenige Häschen übrig sind (oder die Füchse zu langsam).

Modellieren wir die gleiche Füchse-Häschen-Situation mit einem makroskopischen Modell, erstellen wir Differentialgleichungen, in denen die Zahl der Füchse und der Häschen variabel ist und die Veränderung beschrieben wird. Dabei gibt es als Parameter, wie effektiv die Füchse die Häschen killen, wie schnell sich die Häschen fortpflanzen und wie alt die Tiere im Schnitt werden.

Betrachten wir nun einfach die Sterberate der Häschen als Beispiel, wird es spannend. Im mikroskopischen Modell hat jedes einzelne Häschen eine gewisse Wahrscheinlichkeit, irgendwann zu sterben. Das kann dann von ganz speziellen Aspekten abhängen. Ob es zum Beispiel viel gejagt wurde und deshalb fitter ist oder ob es sich gesund ernährt oder zu dick ist.

Im makroskopischen Modell ist die Sterberate ein Parameter Alpha, also eine Zahl, die ausdrückt, dass pro Monat ein gewisser Anteil Häschen (abhängig vom Alter) stirbt. Weil die Tiere verhungern oder ihre Lebenserwartung mit einer gewissen Wahrscheinlichkeit erreicht ist. Auch hier kann man differenzieren, aber es geht eher ums »große Ganze«.

Und auch wenn das eigentlich sehr ähnlich klingt, betrachtet man den Fall doch von zwei verschiedenen Seiten. Vom einen zum anderen Modell ist die Sterberate gar nicht so einfach und eindeutig zu übersetzen, denn abhängig von den integrierten Aspekten der Realität wird es sehr schnell schwierig, zu verstehen, wie die Dinge zusammenhängen – auch mit dem darauf aufbauenden dynamischen Modell. Es ist eine eigene Wissenschaft, wie diese Parameter korrekt überführt werden können, sodass beide Modelle (garantiert) zum gleichen Ergebnis kommen (oder zu Ergebnissen, deren Fehler beliebig verringert werden können). Man kann darüber, zumindest in unserer Forschungsgruppe, wirklich ganze Dissertationen schreiben.[29]

Beide Modelle beschreiben also das gleiche System. Und jedes Modell macht verschiedene Fehler und kann das Realsystem unterschiedlich gut beschreiben.

So könnte ein makroskopisches Modell sehr gut darstellen, was passiert, wenn zum Beispiel im Füchse-Häschen-Wald eine Schneise ist, über die die Füchse nicht hinwegkommen, die Häschen aber schon. In der Realität würde man sehen, dass die Häschen hinüberhoppeln und weniger von ihnen gefressen werden. Im Modell füge ich die Schneise ein mitsamt einer Regel, die besagt, dass Häschen hinüberkommen, Füchse aber nicht oder nur schwer (natürlich könnte man dazu auch das Risiko abbilden, dass Häschen abstürzen).

Im makroskopischen Modell ist das nur aufwendig darstellbar. Dafür könnte dieses sehr langfristige Systemdynamiken darstellen. Wir können Phasendiagramme zeichnen und für verschiedene Settings, wie in Paralleluniversen, überlegen und mit eleganten mathematischen Methoden analysieren, wie sich das Gleichgewicht zwischen Füchsen und Häschen einstellt, wie es zu einer oszillierenden (siehe Glossar) Lösung kommen kann oder ab wann die einen oder die anderen aussterben. Man kann ganze Welten virtueller Hasen und Füchse erkunden.

Vergleich im Dreiklang

Unterschiedliche Modelle haben unterschiedliche Stärken und produzieren unterschiedliche Fehler. Uns bietet das die Möglichkeit des Vergleichs zwischen drei Dingen: Modell 1, Modell 2 und Realität. Bei diesem Dreier-Vergleich lernen wir nicht nur sehr viel über den Zusammenhang zwischen Modell und Realität. Habe ich ein Modell, springe ich in meiner Beobachtung zwischen Realität und diesem Modell und erkenne, wo ich welchen Fehler habe. Habe ich mehrere Modelle, springe ich zwischen diesen hin und her und stelle fest, welches Modell an welcher Stelle eine Differenz zur Realität aufweist und welches nicht. Nur dabei lerne ich, warum sich Modelle unterscheiden und wie die Features der verschiedenen Modelle

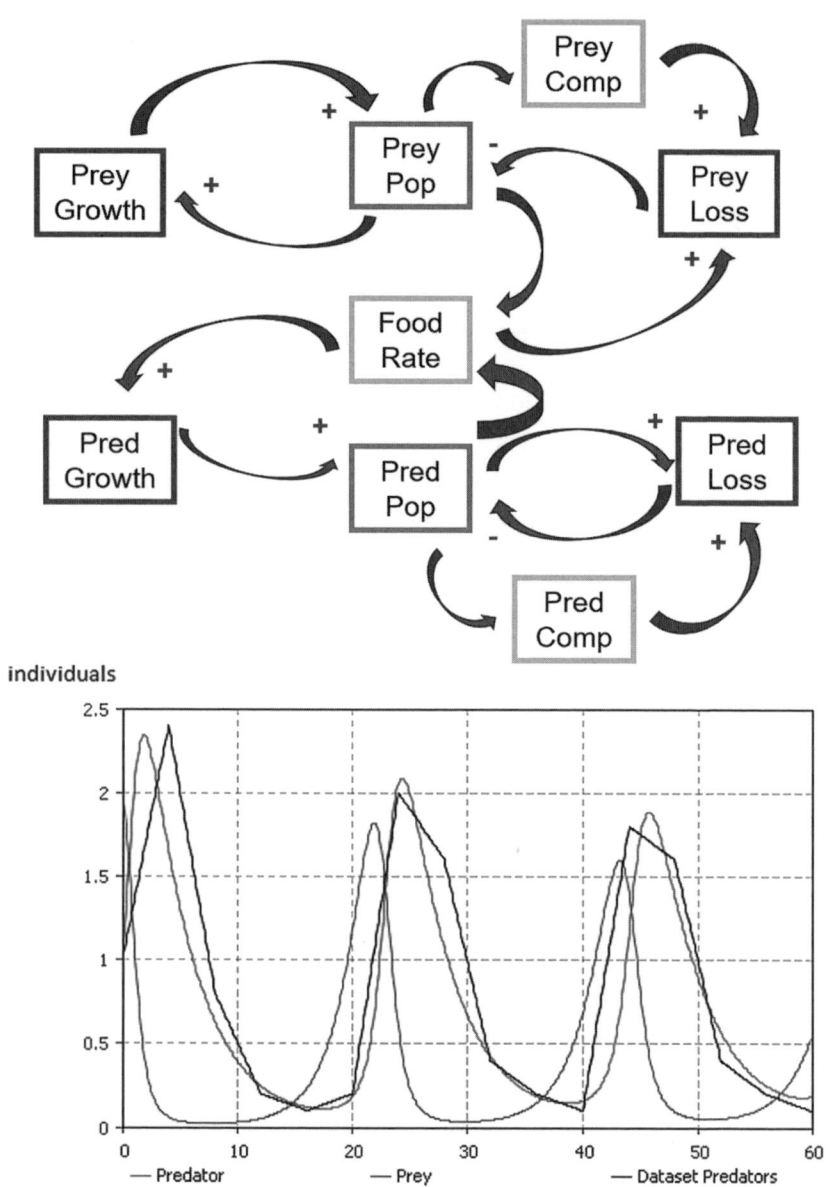

individuals

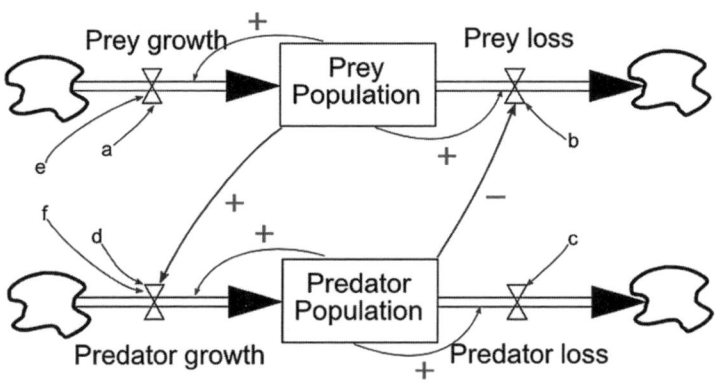

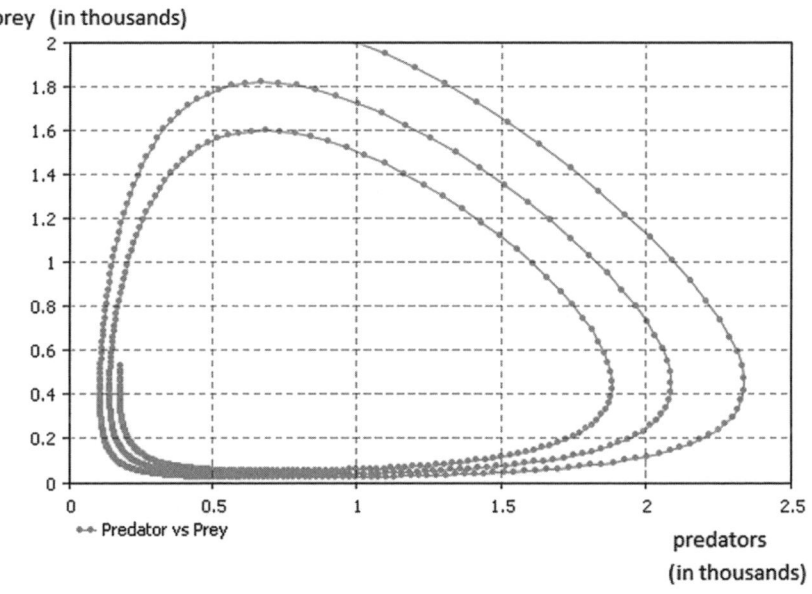

Darstellungen mit einem Modellierungsansatz: System-Dynamics-Darstellungen des Modells, links unten der Vergleich der Simulation mit gemessenen Datenpunkten, rechts unten ein Phasendiagramm

sind. Wir nennen diesen Vorgang Cross Model Validation[30], wobei der Begriff nicht mit dem statistischen Fachbegriff verwechselt werden darf.

In meinen Augen ist dieses Vergleichen leider außer in der Wissenschaft kaum ausgeprägt. In der Ausbildung wird viel zu oft die eine Methode, die etabliert ist, gelehrt. Bei Standardproblemen ist das bestimmt in Ordnung. Bei vielen komplexen Problemen jedoch lernen wir durch den Modellvergleich eben sehr viel. Ein Konzept, das wir auch in der Covid-19-Krise immer ein- und umgesetzt haben.

Wie jetzt vergleichen?

Bauen wir zwei unterschiedliche Modelle, müssen wir dafür sorgen, dass beide Modelle quantitativ exakt das Gleiche machen – oder verstehen, warum sie das nicht tun. Stecken wir sozusagen die gleichen Parameter hinein, müssen sie beide das gleiche Ergebnis liefern.

Wie kann ich die Parameter übersetzen? Und wie kann ich meine Ergebnisse überhaupt korrekt vergleichen? Unser Kollege Martin Bicher hat dieses Thema in seiner Dissertation detailliert behandelt.[31] Es würde an dieser Stelle zu weit gehen, alle Details zu beschreiben, nehmen wir deshalb ein sehr einfaches Beispiel, das in der Praxis manchmal zu Verwirrung führt.

Im Beispiel mit den Füchsen und den Häschen etwa ist meine Kurve immer eckig – sie geht treppenförmig nach oben und nach unten. Schließlich sind es ja ganze Individuen, die ich modelliere. In meinem makroskopischen Modell sind die Kurven aber rund, schließlich zeigen sie nur die Gesamtzahl als Lösung einer Differentialgleichung an, und da können es auch schon mal 17,4 Füchse sein, was in der Realität nur schwer möglich ist (zumindest bei lebenden Füchsen).

Die Kurven müssen also aneinander angepasst werden, um zum gleichen Ergebnis zu kommen. Das heißt: Ich muss mir überlegen, welches Modell richtig ist. Natürlich keines wirklich. Der Fehler, auf 17,4 Füchse zu kommen, ist schlicht eine Folge des Modellansatzes. Ich kann recht einfach runden und erklären, es sind eben zu dem Zeitpunkt 17 Füchse. Die Frage ist dann: Runde ich bereits im Modell oder nur in der Ergebnisdarstellung? Runde ich im Modell, würde ich dadurch den Modellverlauf stark verändern und hätte genau genommen ein neues und anderes Modell mit anderen Eigenschaften (die dann übrigens enorm kompliziert werden, weil es kein kontinuierliches Modell mehr wäre).

Also werde ich eher die Kurve des mikroskopischen Modells glätten. Das klingt vielleicht seltsam, kommen doch hier so schöne ganze Zahlen heraus. Die treppenförmige Kurve sieht der Realität auf den ersten Blick »ähnlicher«. Das kann aber auch in die Irre führen, denn diese Messungen sind immer fehlerbehaftet. Für einen brauchbaren Vergleich ergibt es also vielleicht mehr Sinn, sich weiter weg von der anscheinend realitätsnahen Darstellung zu bewegen.

Sehr gut konnte man dieses Problem bei Covid-19 beobachten. Abgesehen von vielen anderen Herausforderungen gab es bei den Dashboards an den verschiedenen Wochentagen sehr unterschiedliche Ergebnisse, einfach weil es ein Sonntag war (wenig Tests) oder ein Mittwoch (sehr viele Tests). Viel sinnvoller ist es in einem solchen Fall, den 7-Tages-Schnitt zu betrachten,

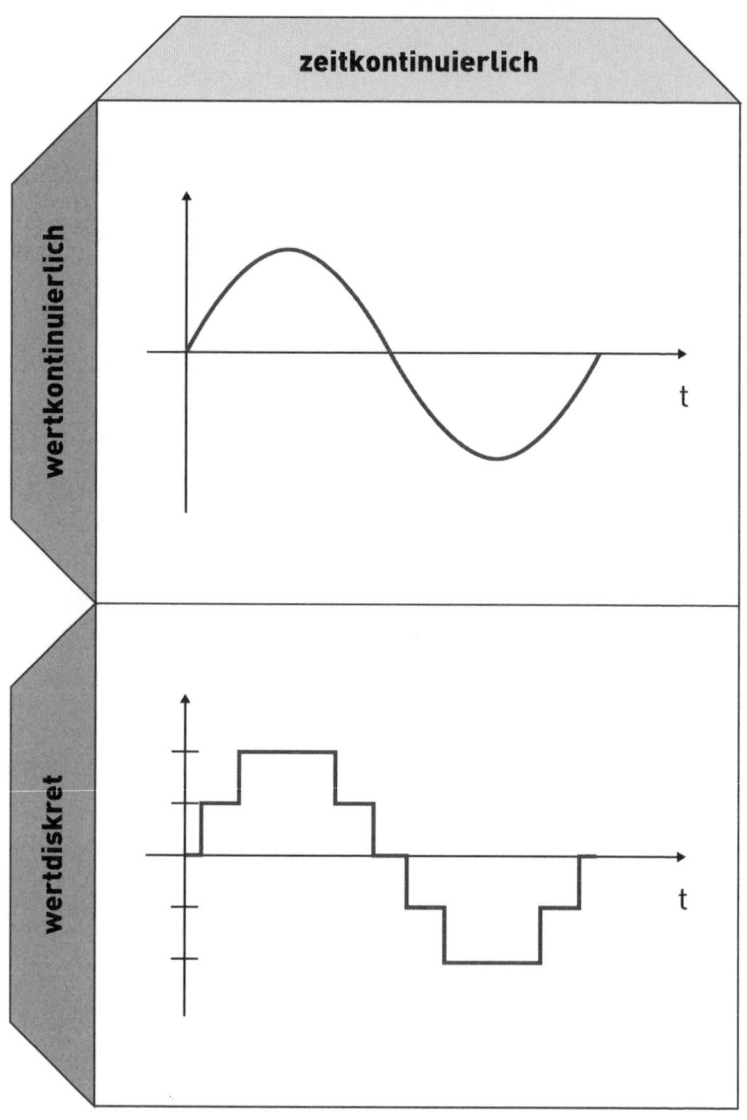

Ein Phänomen, zwei Kurven: Die hier abgebildeten Kurven zeigen (stark vereinfacht) das gleiche Phänomen, jedoch unterschiedlich dargestellt. Die Kurve links oben wäre zum Beispiel die Lösung eines makroskopischen kontinuierlichen Modells, etwa einer Differentialgleichung. Links unten die Darstellung,

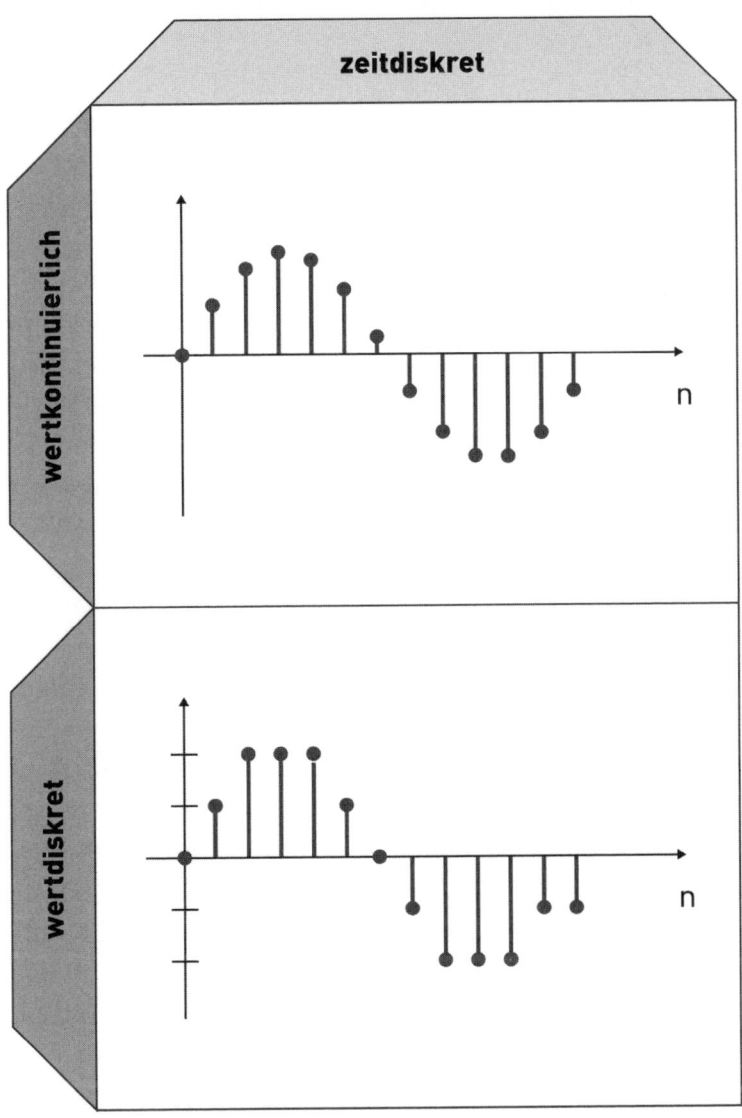

wie sie beispielsweise bei einem Mikrosimulationsmodell entsteht. Es kommen nur ganze Zahlenwerte
(Individuen) darin vor. Rechts: Die Werte ändern sich
hier zu festgelegten Zeitpunkten. Oben können sie
dabei beliebige Werte annehmen, unten nur vorher
festgelegte Zustände.

weil dann solche Effekte wegfallen. Das Beispiel soll andeuten, dass es wichtig ist, in der Theorie zu verstehen, wie sich all die Schritte in der Modellierung vergleichen lassen: die Integration der Daten, die Parametrisierung der Daten und auch die Interpretation der Ergebnisse.

Die spannende Frage, die wir uns stellen, ist also: Wann habe ich Gleichheit zwischen den Modellen? Um der Antwort auf diese Frage näherzukommen, werden Modelle manchmal absichtlich dümmer gemacht, als sie sind. So gibt es immer wieder die Situation, in der wir auf ein Modell schauen und sagen:»Das glaube ich nicht.« Weil es einen Effekt zeigt, der kontraintuitiv ist – nicht unbedingt in Bezug zur Realität, sondern zu dem, was wir zu erleben glauben.

Im Beispiel der Pneumokokkenimpfung ist so ein Effekt etwa der oben beschriebene Serotypenshift. Dieser war im ursprünglichen Modell, das uns vorlag, nicht inkludiert, in unserem neuen, dynamischen aber schon. Um zu zeigen, dass das erweiterte, dynamische Modell das Gleiche darstellt wie das ursprüngliche, müssen diese Effekte künstlich ausgeschaltet werden. Das Modell muss also absichtlich dümmer gemacht werden, als es ist. Teilweise ist das sogar sehr aufwendig und dient nur dazu, zu beweisen, dass das erweiterte Modell vertrauenswürdig ist.

Im Fall der Pneumokokkenimpfung haben wir den Effekt des Serotypenshifts absichtlich ausgeschaltet, und das Modell zeigte das gleiche Ergebnis wie das ursprüngliche. Wird anschließend das dynamische Modell aktiviert, ist die Überraschung groß – und oft der Unglaube. »Das kann nicht stimmen, das war noch nie so.« Kausale Modelle können dann optimal dazu genützt werden, noch einmal zu diskutieren:»Warum ist das so?«»Ach ja – wir nehmen diesen Effekt an dieser Stelle hinein.« Diesen Effekt kann man damit einordnen und so nachvollziehen, warum das Ergebnis ein anderes ist. Schon oft konnten wir auf diese Weise die Glaubwürdigkeit (von uns) und den Nutzen (des Modells) drastisch erhöhen.

Der Serotypenshift ist ein plausibler Effekt, den das Modell in der Lage ist darzustellen. Und letzten Endes gibt die Realität als Vergleichsfläche dem Modell recht: Durch die Impfung werden ja nur die geimpften Stämme ausgeschaltet, die restlichen vermehren sich umso stärker. Es ist ein plausibler Effekt, der durch das Ein- und Ausschalten im Modell nachvollziehbar wird. Dadurch respektieren und verstehen die Menschen das Ergebnis. Wir nennen das ein schrittweises Erweitern eines Modells.

Wichtig zu verstehen ist dabei: Es geht nicht darum, »recht zu haben«. Den Effekt zu erkennen und ihn zu modellieren, bedeutet nicht, dass dadurch die Impfung nicht funktioniert. Das ist dann eine daraus resultierende Frage, die nur in der Fachdisziplin von Medizinerinnen und Medizinern geklärt werden kann und muss. Fragen wie: Sind die anderen Typen auch gefährlich? Wenn ja, sind sie mehr oder weniger gefährlich? Modelle lösen hier keine Probleme, aber sie bringen uns zu den richtigen nächsten Fragen. In vielen Bereichen, in denen wir neue Modelle entwickeln, ist es uns so möglich, die Akzeptanz von anderen Forscherinnen und Forschern, Managerinnen und Managern oder Politikerinnen und Politikern zu erreichen und als eigentliche »Laien« im jeweiligen Gebiet dabei zu helfen, die Forschung voranzubringen.

Mathematischer Vergleich

Wie oben angedeutet, geht dieses Thema wissenschaftlich sehr viel weiter (und tiefer). Mathematisch ist es möglich, Beweise zu führen, wann verschiedene Modelle die gleichen Ergebnisse liefern. Und das ganz ohne Daten. In diesem Fall geht es darüber hinaus, zwei Kurven miteinander zu vergleichen – es führt einen Schritt weiter. Es ist möglich, mathematisch zu beweisen, ganz egal für welche Daten, dass die Modelle äquivalent sind. Das Mean-Field-Theorem (aus der Molekularfeldtheorie) gibt, stark vereinfacht, an, dass, wenn alle Parameter richtig übersetzt sind, zwei Modelle das gleiche Ergebnis liefern. Dass ein Modell, so heißt es in der Mathematik, zum anderen konvergiert.

Es geht aber um mehr, als zwei Modelle zu betrachten und quantitativ festzustellen, dass das Ergebnis gleich aussieht (und wie man die Parameter übersetzt). Das Ganze geschieht vielmehr auf einer analytischen Ebene: Beschreiben die beiden Modelle bis auf einen vorgegebenen Fehler Epsilon für ein Parameterset das Gleiche?

Martin Bicher hat das in seiner Dissertation untersucht, und in unserer wissenschaftlichen Arbeit beschäftigt uns das mittlerweile sehr intensiv. Es schließt ein Stück weit den Kreis zwischen Datenanalysen und Methodenvergleich. Würden wir nämlich irgendwann all diese Fragen verstehen und lösen, könnten wir quasi eine Weltkarte aller Modelle bauen und zeigen, wie diese zusammenhängen. Für alle Fragen gäbe es dann eine Anleitung, welches Modell mit welchen Daten die optimale Lösung für die aktuell gestellte Frage liefert.

Aber das dauert noch. Bis dahin gibt es ein sehr nettes kleines Tool von Martin, einen »Übersetzer« zwischen den beiden Modellen. Ähnlich wie man mit System Dynamics Differentialgleichungen aufstellt, ohne dass man es merkt, kann man hier als Nichtmathematiker oder Nichtmathematikerin mit einigen Frageboxen ein kompliziertes mathematisches Modell bauen. (https://dwh.at/inmfa)

Die Sache mit der Demut

Der gelernte Mathematiker, die gelernte Mathematikerin würde, und damit schließen wir den Kreis zum Anfang des Kapitels, wohl mit Differentialgleichungen zu modellieren beginnen und vielleicht nicht mit einem mikroskopischen Modell arbeiten. Mit Letzterem (das wohl der Informatiker oder die Informatikerin zuerst naheliegend findet) können wir aber so etwas wie das Auftreten der berühmten Schneise im Füchse-Häschen-Wald darstellen. Das wäre zwar mit Differentialgleichungen auch möglich, aber sehr, sehr aufwendig, da das Modell bei jeder Änderung stark umgebaut werden müsste (und dann auch immer komplizierter würde).

In einem mikroskopischen Modell, in dem Häschen und Füchse Agenten sind, braucht es nur eine kleine Veränderung, um die Schneise ins Modell aufzunehmen, das Grundmodell aber bleibt gleich. Dafür lassen sich sehr viel weniger theoretische Aussagen finden und beweisen.

Das Differentialgleichungsmodell könnte man als eleganter und schöner bezeichnen – es ist mathematisch cooler.

Zu guter Letzt könnte aber der Informatiker beweisen, dass das Agentenmodell in sein Differentialgleichungsmodell konvergiert.

Der Biologe und die Ökologin wundern sich.

Und so weiter und so fort ...

Ja, unsere Modelle sind cool. Und doch beschäftigen wir uns in unserer Forschung hauptsächlich mit der Unzulänglichkeit unserer – und anderer – Modelle und warum sie oft nicht so cool sind. Das ist der zentrale Punkt, wenn es um den Vergleich von Modellen geht. Und das ist auch der Grund, warum ich tiefenentspannt bin, wenn es um die Qualität unserer Modelle geht. Wir benchmarken seit 20 Jahren andere Modelle und Simulationstools. Deren Unzulänglichkeiten zu erkennen, ist unser tägliches Geschäft. Die meisten Mails mit Hinweisen auf Unzulänglichkeiten bekomme ich genauso lange fast täglich von meinen Mitarbeiterinnen und Mitarbeitern serviert. Dass wir dabei immer besser werden, Modelle zu bauen, ist ein entscheidender Nebeneffekt.

Wir leben in Demut, was unsere eigenen Modelle betrifft, und üben uns in Selbstbewusstsein, was den Vergleich mit anderen Modellen angeht. Nicht weil wir denken, schlauer zu sein, sondern weil wir verstehen, wo die Limitierungen von Modellen ganz grundsätzlich liegen (zumindest meistens).

Das ist es, was wir über die Forschung im Modellvergleich lernen. Die Erkenntnis kommt dabei schrittweise, sie beginnt beim grundsätzlichen Verständnis von Modellen, reicht über die Weiterentwicklung von Modellen über deren bewussten Einsatz und die Kopplung von Modellen (siehe Kapitel 11) bis zur Erkenntnis, dass sie sehr limitierte Werkzeuge sind.

Kapitel 10
dwh versus INiTS

Babyunternehmen, Inkubatoren und
beratungsresistente Antikapitalisten

Auch wenn Niki oft an vorderster Front steht: Die
Drahtwarenhandlung ist keine One-Man-Show.
Das wird spätestens dann offensichtlich, wenn man eine
kleine Runde durch ihre Räumlichkeiten hinter der grün
eingefassten Glasfassade im 7. Wiener Gemeindebezirk
dreht. Insgesamt sind es an die 20 Leute, die hier arbeiten,
Expertinnen und Experten aus den unterschiedlichsten
Bereichen. Barbara Hickel hat die Tür, die Gesamtsituation
und alle Drahtwarenhändler und Drahtwarenprozesse
genau im Auge – an ihr kommt im wahrsten Sinne des
Wortes niemand vorbei. Hat sie Einlass gewährt, sieht
man hinter jeder Tür mindestens zwei Leute, die die Köpfe
zusammenstecken (natürlich leider auch hier nicht, wenn
Covid-19 umgeht), mit den Fingern auf Bildschirmen Kurven nachfahren, telefonieren, laut oder leise nachdenken,
sich besprechen. Es gibt einen zweiten Stock, den man
über eine Treppe mit massivem Metallgeländer erreicht.
Dort oben verbirgt sich das Büro von Michael Landsiedl –
oder sagen wir gleich: die Kommandozentrale.

Michael ist einer der Gründer der Drahtwarenhandlung,
er war vom ersten Tag an dabei und ist mit Thomas Peterseil zuständig für fast alles, was Schalter und Stecker,
Drähte und Platinen hat. Die beiden retten Niki fast täglich
aus seinen Nöten – er hat, O-Ton, »von all dem keine
Ahnung«. Thomas hat die gesamte Verkabelung in der

Drahtwarenhandlung geplant und durchgeführt, vom Netzwerk bis zur professionellen Audio- und Videoverkabelung. Man kann alles hier abspielen, bis hin zu alten Schallplatten. Und: Er ist der Meister der Server.

Michael ist ein waschechter Computerguru und programmiert, so heißt es, heute noch besser als so manch Mitarbeiterin und Mitarbeiter. Das ist in einer Branche, die von rasanten Entwicklungen geprägt ist, eine Besonderheit. Er ist am Puls der Zeit geblieben. Bereits in den 1990er-Jahren hat er mit künstlicher Intelligenz gearbeitet und ist nach wie vor unglaublich belesen, was die aktuellen Entwicklungen betrifft. Niki beschreibt es so: »Kaum fragst du ihn nach einer neuen Entwicklung, fliegen auch schon die ersten drei Links zu Quellen in dein Postfach.«

Michael ist ein besonnener, ruhiger, gewissenhafter Geist (und, typisch Drahtwarenhandlung, ein ausgezeichneter Koch). Seine Kommandozentrale hat er erst kürzlich aufgeräumt, weil es einfach nicht mehr ging: Es stapelten sich Computertower, Bildschirme, Festplatten und Laptops, die alle auf Zuwendung oder Ausmistung durch den Maestro gewartet hatten.

Weil er seit Stunde null – und, egal ob das mathematisch möglich ist, sogar noch länger – dabei ist, ist sein Erfahrungsschatz voller Geschichten. Wie jener über INiTS (siehe Glossar).

Die Abkürzung steht für »Innovation in Technology and Sciences«, und es handelt sich um ein Gründerservice der Technischen Universität Wien, Universität Wien und Wirtschaftsagentur Wien (übrigens die erste Fördereinrichtung, die die dwh gefördert hat). INiTs soll dabei helfen, gute Ideen aus der Universität in die freie Marktwirtschaft zu bringen. Ein Hightech-Inkubator für

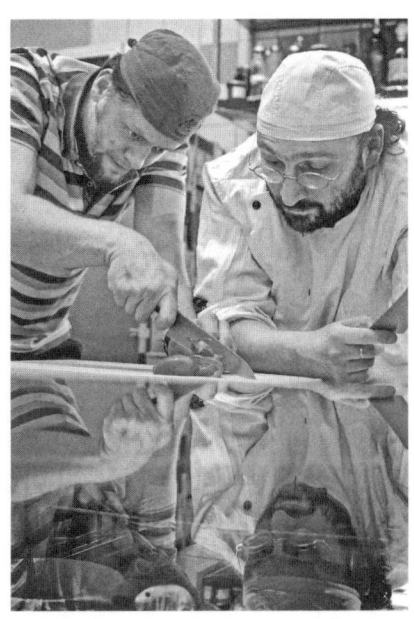

Michael Landsiedl und
Niki Popper nicht beim
Arbeiten, sondern beim
Kochen

Babyunternehmen, die auf allen Universitäten Wiens geboren werden.

»Irgendwann so 2008 haben wir uns gedacht«, sagt Michael, »dass wir vielleicht doch etwas unternehmen sollten, um Kohle zu verdienen.« Eine klassische Forschungseinrichtung war die Drahtwarenhandlung zwar nicht, aber auch kein Unternehmen im eigentlichen Sinn. Also klar, man hatte Gewerbescheine und die korrekte Unternehmensform, sonst herrschte allerdings eher Ebbe, was unternehmerischen Geist betraf. Die Drahtwarenhandlung war aber auch damals schon sehr innovativ. »Wir haben uns überlegt, die Expertise, die wir bei INiTS bekommen könnten, zu verwenden, um aus der Drahtwarenhandlung OG eine GmbH zu machen«, sagt Michael. Sprich: ordentliche kapitalistische Geschäftsleute zu werden.

Das Konzept: eh alles.

Sie bewarben sich bei INiTS – und fielen durch. »Logisch«, wie Michael findet, »wir hatten schließlich kein richtig klares Konzept, außer: Wir modellieren eh alles.« Beim zweiten Anlauf gelang es dann aber doch, unter den wenigen aus Hunderten Bewerbern zu sein, die bei INiTS aufgenommen wurden. Michael erinnert sich an ein zweites Unternehmen, das der Liebling der Beraterinnen und Berater von INiTS war. Es hatte einen leisen automatischen Türöffner entwickelt. »Es war deswegen so beliebt, weil die Idee skalierbar war. ›Skalierbarkeit‹ (siehe Glossar) war der Lieblingsbegriff der INiTS-Leute. Wir waren nicht skalierbar.« Die Einschätzung des Gründerservice: sehr hohes Potenzial, aber schwierig.

Bei INiTS wurde den Drahtwarenhändlern beigebracht, wie sie ihre Expertise in Geld umwandeln könnten. In Coachings, Kursen, Beratungen. Alles mit einem Ziel: skalierbar zu werden und den Marktwert des Unternehmens so hoch wie möglich zu schrauben, um es dann mit möglichst hohem Gewinn zu verkaufen.

»Das wollten wir natürlich nicht.« Michael Landsiedl erinnert sich an durchaus ein wenig ge- und überforderte Beraterinnen und Berater, die sie dazu überreden wollten, sich für eines ihrer vielen komplexen Systeme, an denen sie arbeiteten, zu entscheiden. Für eine Art Meisterstück, mit dem es dann in der freien Wirtschaft bis ganz nach oben gehen sollte. »Wir hatten aber nicht vor, irgendeine Software zu verkaufen, sondern immer wieder neue, coole Modelle zu entwickeln. Wir wollten uns mit so vielem beschäftigen. Zum Beispiel, wie die Menschen in der Bronzezeit ihre Spitzhacke gehalten haben und wie sie es beim Salzabbau in Hallstatt schaffen konnten, zu überleben, obwohl es oft wohl schwierig war, alle Menschen mit Essen zu versorgen.«

In der Tat hat die dwh auch einen Ausflug in die Archäologie unternommen, was quasi die INiTs-Antithese darstellte, denn verbessern lässt sich ja in der Bronzezeit nicht mehr wirklich etwas, und alle potenziellen Kunden sind mehrere Tausend Jahre tot. Aber auch dabei konnte das Team viel lernen und hat einen wichtigen Mitstreiter für »More Space« kennengelernt.

Gabriel Wurzer arbeitete schon damals an der Abteilung für digitale Architektur und Planung der Technischen Universität Wien. Er brachte die Modellierer mit Hans Reschreiter und Kerstin Kowarik zusammen, die beide am Naturhistorischen Museum in Wien forschen, und zwar eben an der Frage, wie im Bergwerk in Hallstatt das Ökosystem in der Bronzezeit funktioniert hat. Das war natürlich eine perfekte Herausforderung für die Modellierer. Sie konnten physikalische Modelle vom Abbau mit einer Modellierung des Ökosystems verbinden. Das Spannende daran waren zwei Aspekte: einerseits eben die Modellkopplungsmöglichkeiten, die in der Zukunft der dwh noch eine große Rolle spielen sollten, worum es im nächsten Kapitel geht. Andererseits aber auch die Kooperation mit vielen verschiedenen Gruppen und Menschen – endlich einmal Nichtmathematiker, Nichtmedizinerinnen, Nichtinformatikerinnen und Nichtbauprofis. Dabei entstand zwar eine Reihe von Publikationen und Masterarbeiten, und Gabriel stieß zum »More Space«-Team, aber wirklich Geld verdienen konnte man damit auch nicht.

Da war das »More Space«-Modell schon das vielversprechendere Modell-Pferd. Es war kurz davor von der dwh für und mit der TU entwickelt worden und hatte es den Business Angels angetan. Das wollten sie gerne vermarkten und bekannt machen.

»In unseren Meetings haben die Business-Experten auch immer versucht, uns Einsparungstipps zu geben«, erinnert sich Michael Landsiedl. »Zum Beispiel, dass wir für den Anfang kein Büro brauchen, weil das viel zu viel Geld verschlingen würde.« Sie könnten, so der Rat, doch alles virtuell verbinden, aus dem Homeoffice arbeiten und jede Menge Geld sparen. »Wir haben gesagt: Das wollen wir aber nicht, wir sitzen extrem gerne mit unseren Mitarbeiterinnen und Freunden an der Bar und trinken ein Bier.« Damit waren die Leute von INiTS natürlich nicht zufrieden. Weder mit dem schwer zu fassenden und komplexen Portfolio noch mit der Bar und dem Bier. Zum Glück gab es aber auch verständnisvolle Menschen. Der damalige »Hauptbetreuer« der dwh bei INiTS, Uwe von Ahsen, hielt wie Irene Fialka und andere wohl schützend seine Hand über das kleine Unternehmenspflänzchen, wenn wieder einmal kapitalistische Unwetterwolken über der dwh aufzogen.

Nicht skalierbar

Eineinhalb Jahre ging das so, und am Ende gab es eine Schlusspräsentation. »Es war eine Art Pitching vor Expertinnen und Experten«, sagt Michael Landsiedl, »bei dem unser Konzept beurteilt werden sollte.« Das Resümee des Gründerservice: Die von der dwh haben nicht verstanden, wie man ein Unternehmen führt. »Ich habe ihnen gesagt, dass wir keineswegs zu blöd seien und das ganze Konzept der Skalierbarkeit sehr wohl verstanden haben, aber es einfach anders machen wollen. Wir wollen nicht mit einer Geschäftsidee reich werden, sondern vernünftige Sachen machen, von denen wir und unser Team leben können. Heute würde man es wohl organisches Wachstum oder Hidden Champion nennen ... Einige schüttelten den Kopf, manche grinsten in sich hinein, wieder andere auch ein bisschen aus sich heraus.«

Das war der Abschluss der Gründungsberatung.

»Das Lustige ist ja, das Ganze aus heutiger Sicht zu betrachten«, sagt Michael Landsiedl. »Die Leute von INiTS haben uns ja mit der Zeit schon gekannt und gewusst, dass es schwierig zu fassen ist, was wir tun, und auch, dass wir keine Millionäre werden wollen wie andere. Und sie haben uns trotzdem geschätzt.« Heute gehört die dwh zu einem der Vorzeigeprojekte der INiTS. Nicht erst, aber besonders seit den Covid-19-Modellen. Niki Popper und Michael Landsiedl und andere Mitarbeiter sind Mentoren sowohl bei INiTS als auch bei einem weiteren Inkubator, dem Health Hub Vienna, der sich speziell auf Technik-Start-ups im Gesundheitsbereich fokussiert. Und die Mitarbeiterinnen der dwh unterstützen auch immer wieder Start-ups, die von der Wirtschafts- agentur Wien gefördert werden, um das Potenzial der Geschäftsideen im Gesundheitssystem einzuschätzen. »Wir helfen heute dabei, zu bewerten, ob eine Innovation Sinn ergibt, und dabei, ein Geschäftsmodell so zu ent- wickeln, dass es im Gesundheitssystem auch bezahlt werden kann.«

15 Jahre später ist die dwh zwar auf der Seite der Unter- stützenden und Beratenden, die Drahtwarenhändler hal- ten Vorträge und geben ihre Erfahrung weiter. Eine Cash- cow sind sie allerdings nach wie vor nicht. »Es geht uns

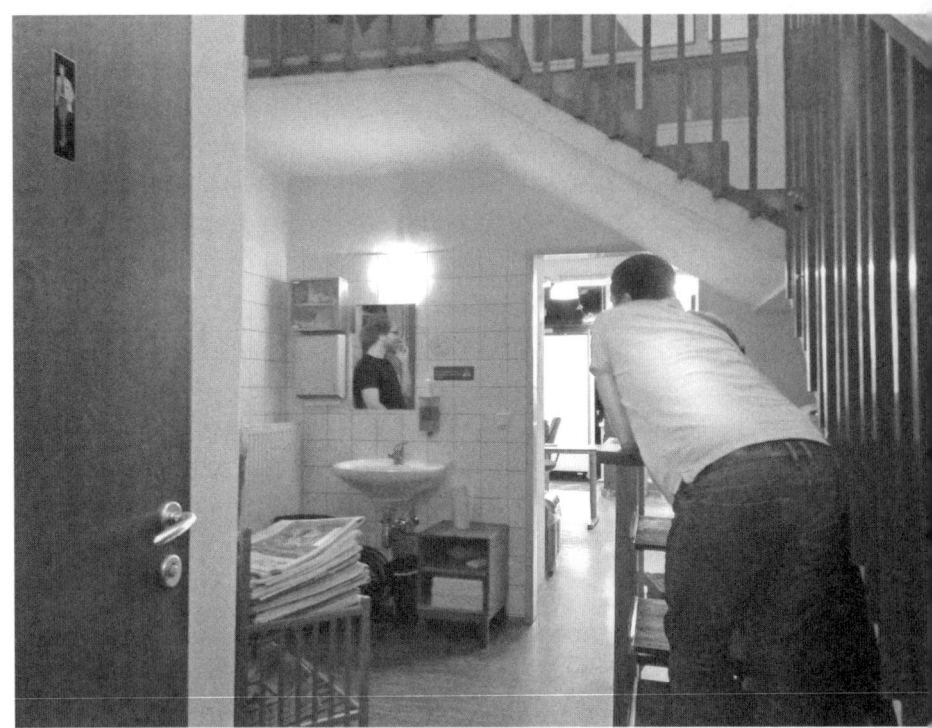

Michael Landsiedl und Thomas Peterseil

wirklich gut. Wir sind im Sinne des Neokapitalismus allerdings kläglich gescheitert.«

Dabei hätten sie eh versucht, ordentliche Kapitalisten zu werden ... Weil sie aber eine Mischung aus Forschungsplattform, Unternehmen, Thinktank und ja, einem Lokal sind, ist das nicht ganz so einfach. Für eine Forschungsplattform, und das ist eine der Besonderheiten der dwh, machen sie zu wenig Grundlagenforschung. Die machen andere – das passiert mittlerweile vor allem an der Technischen Universität Wien, wo Niki seit acht Jahren wieder arbeitet (unter vielen anderen mit Andi Rauber, Allan Hanbury, Peter Filzmoser – Nikis aktuellen Chefs) oder bei nationalen Partnern und internationalen Universitäten. Die dwh stellt die Verbindung zwischen Forschung und Praxis her. Ein Grund dafür, dass sie Teil vieler erfolgreicher Kooperationen ist.

Wichtig ist dabei wohl auch, sich selbst zu hinterfragen und sich hinterfragen zu lassen. Womit wir wieder bei Thomas Peterseil sind. Er war zwar Mitgründer der Drahtwarenhandlung, langjähriger Mitkoch und ist nach wie vor Mitbetreiber, er war aber nie Teil der dwh GmbH oder sonstiger Unternehmungen. Umso berüchtigter sind in den Hallen der Drahtwarenhandlung seine kritischen Fragen, wenn es um neue Projekte geht.

»Ich denke«, sagt Michael, »dass wir nicht mit einem Businessplan und auch nicht durch Zufall, sondern am ehesten evolutionär unseren Platz gefunden haben. An einer Stelle, wo wir viel praxisnäher sind als andere und mit echten, realen Daten und Fragen der Realität arbeiten. Andererseits erkennen wir neue Algorithmen und neue Formeln, die echt skalierbare Unternehmen niemals sehen würden. Das können wir sehr effizient und gut.«

Kapitel 11
Modellkopplung

Ein Flughafen, mehrere Modelle und zwei Probleme

S chauen wir uns Modelle von dynamischen Systemen an, die sehr unterschiedliche Subsysteme beinhalten, stellen wir fest, dass der Aufwand, ein Teilsystem zu modellieren, manchmal extrem hoch ist. Allein schon deswegen, weil es eine sehr komplizierte Angelegenheit ist, die Realität zu beschreiben.

Stellen wir uns einen Flughafen vor, der modelliert werden soll. Die unterschiedlichen Subsysteme, die alle in diesem großen System »Flughafen« zusammenhängen, werfen unterschiedliche Fragen auf. Wie kommen die Menschen zum Flughafen, wie die Autos, die U-Bahn und die Taxis? Was passiert im Terminal? Was machen die Menschen dort eigentlich, wo halten sie sich auf? Es treffen hier auch unterschiedliche Interessen zusammen. Die Stadt wird darauf achten, dass die Menschen möglichst schnell, effizient und vielleicht sogar noch umweltschonend den Flughafen erreichen. Urlauber, die mit ihrer Familie unterwegs sind, möchten die Zeit im Flughafen genießen, flanieren, einkaufen, essen und trinken. Die Shopbetreiberinnen und Shopbetreiber im Duty-free-Bereich haben wohl das gleiche Interesse. Geschäftsreisende hingegen wollen innerhalb minimaler Zeit im Flugzeug sitzen und abheben. Und auf der »Air Side« geht es um die möglichst lückenlose Ausnützung der Slots, also der Zeiträume, in denen sie aufs Rollfeld dürfen und

abheben können. Sie sind mit das Teuerste, was eine Fluglinie besitzt.

Ein Flughafen besteht aus diesen unterschiedlichen
Teilsystemen, die sich stark voneinander unterscheiden.
Es sind grundsätzlich verschiedene Prozesse und Sicht-
weisen. Und (siehe Kapitel 9) ein Modell ergibt nur dann
Sinn, wenn es eine konkrete Forschungsfrage gibt, die
beantwortet werden soll. Etwa: Wie schaffe ich es – als
Flughafen –, dass die Menschen möglichst viel Geld im
Duty-free ausgeben? Oder – aus Sicht der Fluglinie: Wie
schaffe ich es, dass die Flugzeuge möglichst ohne Zeitver-
zögerung und möglichst voll besetzt abheben? Urlaubs-
reisende wiederum wollen möglichst schnell mit ihrem
Gepäck durch den Check-in und möglichst viel Zeit im
Café verbringen.

Je nach Perspektive wird sich daraus die Forschungsfrage ergeben.

Von Agenten zu Entities

Abhängig von der Forschungsfrage wählen wir das jeweils
passende Modell aus. Eine Gepäckabgabe und eine Sicher-
heitskontrolle würde man am ehesten mit einem diskreten
Modell darstellen. Schließlich ist, sobald man sich in die
Schlange stellt, der freie Wille quasi abgeschafft und vom
System genau vorgegeben, was zu tun ist. Man sucht sich
maximal noch die Schlange aus, in der man wartet, aber
das war's. Bis man nach dem Sicherheitscheck wieder ausgespuckt wird, ist man ein bisschen wie ein Gut in einer
Produktionsanlage, das in einer Schlange wartet (manchmal fühlt man sich ein wenig auch so in diesen Schlangen).

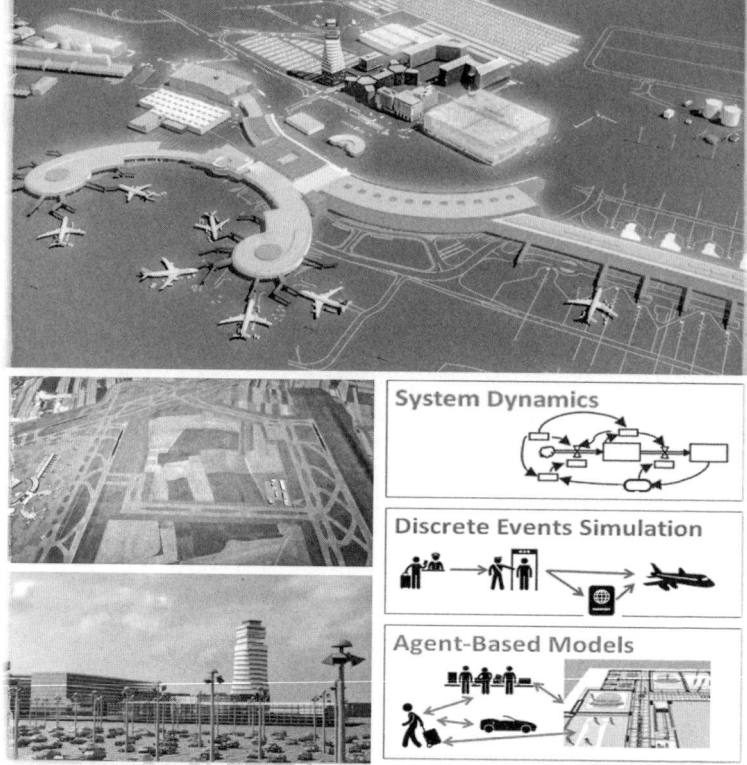

Unterschiedliche Subsysteme werden mit unterschiedlichen Modellierungsmethoden abgebildet und miteinander verknüpft (rechts unten). Oben eine Visualisierung der Drahtwarenhandlung von 2008. Links unter anderem die bisher nicht gebaute dritte Piste als Szenario in der Simulation/Visualisierung.

Im Unterschied zu einem Agenten-Modell bestehen diskrete Modelle aus Servern, Warteschlangen und Entities.

Als solches Entity begibt man sich in die Warteschlange, gelangt schließlich zum Server, wird verarbeitet und hinten wieder ausgespuckt – mit Gepäck, Boardingpass und der 99,99-prozentigen Sicherheit, das Flugzeug später nicht in die Luft zu sprengen.

Ganz anders geht es nach diesem Sicherheitscheck weiter. In dem Bereich, wo Geschäfte, Cafés und Bars warten, wird ein agentenbasiertes Modell darstellen, was Menschen dazu bringt, zu konsumieren oder einzukaufen. Ähnlich bei der »Land Side« und der »Air Side«, Ankunft und Abflug, wo wir es mit anderen Agenten zu tun haben: Taxis, Autos und Flugzeugen. Hier wird man sich anschauen, was passiert, wenn eine Straße gesperrt wird, ein Zug ausfällt oder ein ganzes Terminal geschlossen werden muss.

Dabei ist wichtig: Es gibt immer mehrere Möglichkeiten, Systeme zu modellieren. Es gibt nicht nur eine Lösung, und jede Lösung hat Vor- und Nachteile.

Worauf ich aber hinauswill, ist, mehrere Modelle zu einem Ganzen zusammenzuführen. Schließlich hängt in einem realen System auch alles zusammen: Wenn es ein Problem bei der Ankunft gibt – einen Massenunfall etwa –, ist das System nicht resilient (siehe Glossar) genug. Die Menschen kommen nicht mehr in den Flughafen, das Flugzeug kann nicht abheben. Deshalb ist es in diesem Fall wichtig, zu versuchen, die Teilsysteme jeweils optimal zu beschreiben und in der Simulation dann dafür zu sorgen, dass die Submodelle miteinander reden können. Ganz nebenbei kommen wir jetzt auch auf die Frage zurück, wie die Modelle berechnet werden.

Problem eins: das Timing

Modelle lassen sich in verschiedener Art und Weise kombinieren, wir sagen auch »koppeln« dazu. Entweder wir modellieren die Subsysteme zwar mit unterschiedlichen

Methoden (der erste Schritt im Modellierungsprozess), entwickeln dann aber eine »integrierte« Lösung[32] – implementieren also ein Programm, das alle Aspekte abdeckt. Diesen Ansatz nennen wir Multi-Method-Modelling (siehe Glossar), den wir uns etwas später anschauen.

Der zweite Ansatz besteht darin, unterschiedliche Simulatoren zu verwenden, also eine Co-Simulation (siehe Glossar) umzusetzen. Wie im Beispiel Flughafen gibt es meist zwei oder drei verschiedene Subsysteme. Ein Problem bei deren Kopplung in der Co-Simulation ist die Zeit. Die Modelle müssen gleichzeitig miteinander »sprechen«.

Eine Simulation läuft am Computer und wird in einer gewissen Frequenz abgearbeitet, dabei kann man zwei Modelltypen unterscheiden: Wenn das Modell an sich schon zeitdiskret ist (wie in der Abbildung auf Seite 169 betrachtet wurde), wird in regelmäßigen Abständen ein Update gemacht, in welchem Zustand das System ist. Es gibt also keinen kontinuierlichen Prozess, bei dem wir zu jedem beliebigen Zeitpunkt sagen können, wie das System ausschaut, sondern ein Update zum Beispiel alle fünf Sekunden, einmal im Monat oder alle paar Jahre. Ist das Modell also »diskret« (wie etwa eine Uhr), sind die Einheiten in einem regelmäßigen Rhythmus. Im Computer wird das exakt abgebildet, und wir können uns zum Beispiel »darauf einigen«, zu welchem Zeitpunkt zwei Modelle miteinander sprechen. Bei kontinuierlichen Modellen wird es komplizierter, denn in der Umsetzung am Computer tun wir zwar so, als wäre die Zeit ein durchgehender (kontinuierlicher) Strom und zu jeder Nanosekunde ablesbar – das stimmt aber nicht wirklich. Wenn eine Differentialgleichung numerisch gelöst wird, generieren wir eine Näherungslösung. Diesmal diskretisieren

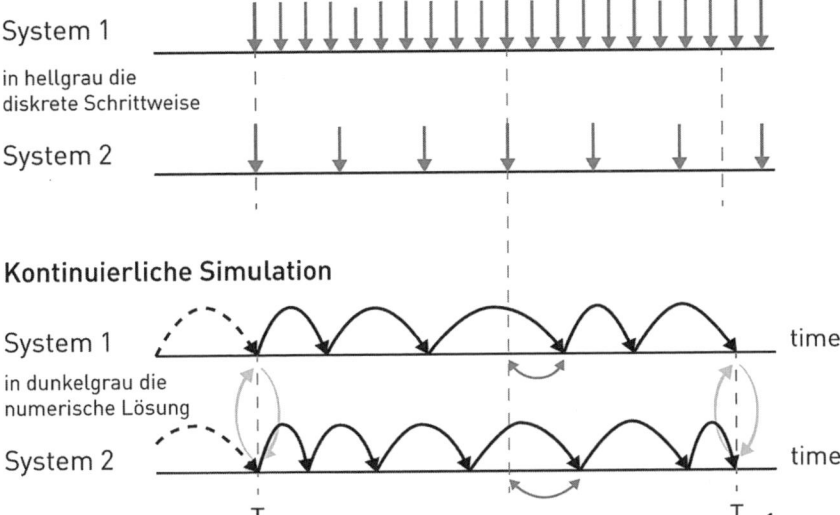

Diskrete Simulation

System 1

in hellgrau die
diskrete Schrittweise

System 2

Kontinuierliche Simulation

System 1   time

in dunkelgrau die
numerische Lösung

System 2   time

T_n T_{n+1}

Wenn Modelle kommunizieren: Sollen Modelle gekoppelt werden, ist die Zeit das größte Problem. Die Modelle müssen gleichzeitig miteinander kommunizieren. Gemeinsame Zeitpunkte zu finden, ist bei diskreten Modellen (oben) mit gleichbleibender Schrittweite einfacher, kontinuierliche (unten) oder eventbasierte Modelle haben nicht gleichmäßige Schrittweiten – dann müssen die Zeitpunkte erst mathematisch berechnet werden.

wir nicht das Modell im Modellierungsprozess, sondern der Computer diskretisiert ein kontinuierliches Modell im Teil mit der Lösung des Modells. Wenn das verwirrend klingt – ja, das ist es auch. Im Computer berechnen wir die Lösung für verschiedene Zeitpunkte, die aber nicht gleichmäßig verteilt sind. Der Grund dafür ist ein mathematischer: Stellen wir uns eine Kurve vor, die einen sanften Anstieg hat. An dieser Stelle reicht es, wenn wir seltener darauf schauen und einen Wert ablesen, da die Unterschiede zwischen den Punkten auf der Kurve nicht so groß sind. Ist sie aber sehr steil, müssen wir sehr oft schauen, da die Veränderungen in kürzeren Abständen geschehen.

Wenn die Modelle nun miteinander sprechen wollen, wird es passieren, dass sie sich nicht zum gleichen Zeitpunkt treffen. Ein Modell hat eine bestimmte »Schrittweite«, also regelmäßige Taktung, ein zweites eine andere. Sind diese Schrittweiten nicht gleich oder ist die eine ein Vielfaches der anderen, treffen sie sich nur sehr selten. Zu selten vielleicht, um ausreichend oft jene Informationen auszutauschen, die notwendig sind. Berücksichtigen wir dann noch ein drittes kontinuierliches Modell mit variablen Schrittweiten, verrät uns erst die Lösung, wo es sich mit den anderen beiden »treffen« würde.

Zur Lösung dieses Problems verwenden wir in der Mathematik Algorithmen, um viel mehr Datenpunkte zu bekommen – wir interpolieren (siehe Glossar). Das bedeutet, dass wiederum eigene Berechnungen durchgeführt werden, damit sich die Simulationen zu bestimmten Punkten austauschen können.

Aber es wird noch etwas komplizierter. Neben der gleichmäßig diskretisierten und der variabel diskreten Schrittweite gibt es noch ein drittes sehr spannendes Konzept: eventbasierte Modellierung. In diesem Fall passiert so wenig, dass man nicht alle Sekunden oder kürzer auf das Modell schauen muss. Es genügt, darauf zu schauen, wenn ein bestimmtes Ereignis eintritt. Es gibt also eine Timeline, für die einzelne Punkte mit Events definiert sind. Findet beispielsweise bei der Kombination von drei Modellen nur in einem Modell ein solches Event statt, müssen die beiden anderen wissen, was passiert. Die Modelle spucken das aber zu diesem Zeitpunkt nicht aus. Um zu erreichen, dass alle drei zu diesem Zeitpunkt miteinander »reden«, müssen wir interpolieren: Die Modelle müssen während der Laufzeit einer Simulation miteinander reden, ohne sich zu irren, da sie sich sonst verrechnen. Wir sprechen von »Co-Simulation«, und in unserer Gruppe beschäftigt sich Irene Hafner damit, wie man solche mit »loose« oder »strong coupling« umsetzen kann.[33]

Problem zwei: das Level

Was mache ich, wenn ein Modell mikroskopisch, das andere makroskopisch ist? Unsere Füchse und Häschen also aus Kapitel 9 in einem Modell einzelne Datenpunkte beziehungsweise Agenten, im anderen Zahlenwerte sind? Das unterschiedliche Level der Sichtweise ist ein Problem, wenn es um die Kopplung von Modellen geht.

Zu jedem Zeitschritt, auf den wir uns geeinigt haben, müssen die Datenpunkte in Zahlen umgerechnet werden. Das ist manchmal einfach, manchmal auch sehr kompliziert. Beim Zurückrechnen könnte es nämlich sein, dass Eigenschaften des Agenten verloren gehen, wir diese aber im weiteren Modellverlauf brauchen.

Wie man diese Aufgabe löst? Ein interessantes Problem, das mathematisch genau überlegt werden muss. Im Beispiel des Flughafens gibt es ein großes System und einzelne Modelle, Subsysteme, die miteinander interagieren müssen. Es gibt aber auch andere Systeme, in denen verschiedene Modelle derart gekoppelt werden, dass sie über einen zeitlichen Ablauf hinweg ausgetauscht werden. Zum Beispiel, wenn es um die Simulation des Blutflusses in einer Arterie geht.

Eine sehr eng befreundete Forschungsgruppe von Sigi Wassertheurer, ehemaliger Doktorand von Felix Breitenecker am AIT – Austrian Institute of Technology, beschäftigt sich genau mit diesen Problemen seit vielen Jahren. Ich hoffe, er verzeiht mir, dass ich mir das Beispiel ausleihe, um laienhaft zu erklären, worum es dabei geht.

Der Blutfluss lässt sich in einem makroskopischen Modell sehr gut darstellen, dafür gibt es mathematische Methoden, die das schnell und sehr effektiv können. Gibt es aber entlang einer Arterie eine Stelle, an der ihr Durchmesser enger ist, könnte es passieren, dass das einen Effekt auf die Strömung und die Blutplättchen hat. Dann müsste man, damit das Modell korrekt rechnet, für diese Stelle auf ein mikroskopisches Modell umsteigen, in dem die Blutplättchen als Agenten modelliert werden. Nach der Engstelle lässt sich der Blutfluss wieder makroskopisch rechnen.

Wird von einem mikroskopischen auf ein makroskopisches Modell gewechselt (also von Agenten zu einer Differentialgleichung), geht das im Normalfall recht gut, weil es hier sehr gute Theorien gibt. Umgekehrt ist es ungleich schwieriger. Sind, um beim Beispiel mit dem Blutfluss zu bleiben, alle Blutplättchen gleich?

Bei uns in der dwh beschäftigt sich ein eigener Forschungsbereich damit, wie sich in Echtzeit der Simulation die Zeitabläufe koordinieren und speziell im Rahmen der Co-Simulation kombinieren lassen. Mittlerweile ist diese Methode etabliert, und es gibt Standardprotokolle, die diese Koordination zwischen Modellen übernehmen. Dennoch bleibt noch immer genug zu tun, um diese Prozesse zu verbessern.

Co-Simulationen eignen sich vor allem dann sehr gut, wenn man hoch ausdifferenzierte Tools hat, die in Simulationen verschiedene Aspekte beschreiben können. Nehmen wir als Beispiel Simulatoren, die etwa eine Gebäudehülle sehr detailliert abbilden. Andere beschreiben die Klima- und Lüftungsanlagen, und ein dritter Simulator modelliert die Menschen im Gebäude. Es wäre sehr aufwendig, hier neue Lösungen zu finden, kann man doch die bestehenden Lösungen koppeln und so recht schnell zu sehr guten Lösungen kommen.

Die All-in-One-Lösung

Bei dieser Lösung bleiben aber natürlich auch Probleme bestehen. Selbst wenn man effiziente Algorithmen gefunden hat, die während der Laufzeit die Simulationen verkoppeln, die Parameter geeignet zusammenfassen, damit sich die Bereiche »verstehen«, und die dann auch die Lösungen gemeinsam darstellen können. Es handelt sich nach wie vor in jedem Fall um eine Kopplung von Modellen, die ursprünglich oft gar nicht voneinander gewusst haben. Deren Forschungsfragen zum Beispiel zu Beginn ganz unterschiedliche waren.

Eine sehr elegante Variante ist das zu Beginn erwähnte Multi-Method-Modelling. Wir überlegen dabei bereits sehr viel früher, wie die einzelnen Modelle im Schritt der formalen Modellierung zusammenhängen, und suchen dann nach einer integrierten Lösung. Ein Beispiel dafür ist »Balanced Manufacturing«, ein Projekt, bei dem wir gemeinsam mit Kolleginnen und Kollegen von sieben Instituten an der Technischen Universität Wien und weiteren Firmenpartnern eine Lösung dafür gefunden haben, eine Kombination aus diskreter und kontinuierlicher Simulation zu bauen.

Die Herausforderung war, den CO_2-Fußabdruck einer Fabrik auf Losgröße zu modellieren, also auf einzelne Werkstücke heruntergebrochen. Nehmen wir als Beispiel eine Großbäckerei, wäre das die Frage, welchen CO_2-Fußabdruck eine einzelne Semmel hat. Für die einzelnen Bereiche – von der Gebäudetechnik über die Logistik bis zur tatsächlichen Betriebsanlage – gab es bereits professionelle Tools, um den CO_2-Abdruck zu berechnen. Mit Co-Simulation konnten wir also im ersten Schritt gute Ergebnisse erzielen. Wir haben aber festgestellt, dass es sehr schnell immer komplizierter wird und auf Dauer sehr schwierig würde, die Auswertung der Modelle auf Losgröße herunterzubrechen. Ganz einfach, weil viele der Simulatoren nie dafür ausgelegt und gedacht waren. Deshalb haben wir ein eigenes Modellierungskonzept entwickelt, das diskrete und kontinuierliche Modelle direkt in einem Modell verknüpft.

Dazu gab und gibt es in der wissenschaftlichen Literatur viele Ideen, Ansätze und Arbeiten. Wir haben auf DEVS (Discrete Event System Specification) von Bernard Zeigler von der University of Arizona zurückgegriffen. Neben der Möglichkeit, diskrete Prozesse (also zum Beispiel das Weiterschieben einer Schraube) gemeinsam mit kontinuierlichen Abläufen (wie etwa das Aufheizen einer Maschine) abzubilden, hat es vor allem eine hierarchische Struktur. Das erschien uns von großem Vorteil, denn Fabriken bestehen aus sehr komplexen hierarchischen Bereichen wie Kühlbereichen und Produktionsbereichen. Der Bereich der Logistik ist nur modellierbar, wenn wir geeignete Schnittstellen bedenken. Im Modellkonzept haben wir aus diesem Grund sogenannte Cubes definiert, die einerseits in sich sehr detailliert abbilden, was passiert, andererseits sehr klare und einfache Schnittstellen untereinander haben, um komplexe Prozesse darstellen zu können. Zu guter Letzt mussten wir beachten, dass diese Cubes nicht nur miteinander verkoppelt werden, sondern sich auch gegenseitig beinhalten können. Der Grund für die Auswahl eines hierarchischen Konzeptes.

Der Vorteil des Multi-Method-Modelling ist, dass bereits im formalen Modellierungsprozess überlegt wird, wie die Dinge funktionieren, und am Ende eine aus einem Guss programmierte Lösung steht. Es ist natürlich mehr Aufwand – aber am Ende viel effizienter und eleganter.

Es ist auch das, das sei an dieser Stelle erwähnt, was unser Covid-Modell hoffentlich von vielen anderen unterscheidet: die optimale Kombination eines mathematisch hoch entwickelten Modells mit der professionellen Umsetzung, die flexibel und erweiterbar ist (dazu mehr in Kapitel 14).

Kapitel 12
Didaktik

Berechenbare Liebe, ein virtuelles Pendel und »Pulp Fiction«

Die Küche bildet das Zentrum der Drahtwarenhandlung. Nicht nur, wenn das Lokal geöffnet hat oder es Mittagessen gibt – sie liegt tatsächlich in der Mitte. Verwunderlich ist, dass immer wieder Mitarbeiterinnen und Mitarbeiter in der Küche verschwinden und sehr, sehr lange nicht wieder herauskommen. Wer dieser irritierenden Tatsache nachgeht, stellt fest, dass sie sich weder, ihrem Gusto hingebend, vor dem Kühlschrank aufhalten, noch, zur Strafe etwa, den Abwasch machen. Vielmehr entschwinden sie durch eine Hintertür am anderen Ende der Küche. Und auch hinter dieser Tür wartet nichts, was das Kopfkino bereits vorbereitet hat – sondern etwas viel Profaneres: weitere Arbeitsplätze, Bildschirme, Tastaturen, Kabel und Kasteln, wie in allen anderen Arbeitsräumen der Drahtwarenhandlung. Hier aber steht außerdem noch ein Relikt, das es sich näher zu betrachten lohnt.

Es handelt sich um eine Chimäre aus Fahrradrad und Teppichstange, die man hier zwischen Computertürmen und Ersatzbürostühlen findet. Ein Pendel, das die Drahtwarenhändlerinnen und Drahtwarenhändler gebaut haben, um eine ihrer wichtigsten Aufgaben zu erfüllen: die Weitergabe ihres Wissens und die Aufklärung und Schulung darüber, was Simulation ist – und was nicht.

»Dieses Pendel«, sagt Niki Popper, »haben meine Kollegen selbst gebaut.« Günter Schneckenreither und Šte-

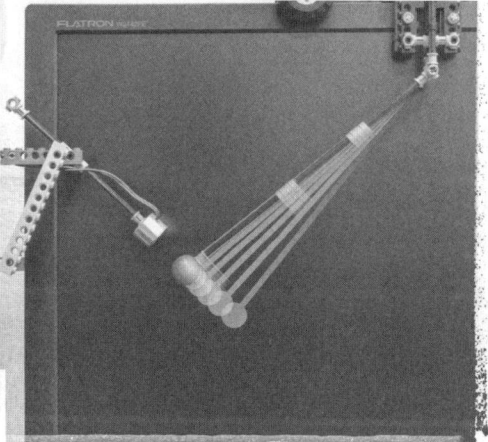

Manchmal steht das Pendel im Gastraum der Drahtwarenhandlung (links). Eigentlich dient es aber dazu, Modell (Projekt) und reales System direkt vergleichbar zu machen (rechts oben). Und weil das Ganze mühsam ist, gibt es auch eine kleine Version aus Lego. Dann muss man den Beamer nicht auf den Monitor klemmen.

fan Emrich, Alex Scholze hat auch mitgemacht, wie so oft, wenn es um Metall geht. Gemeinsam haben sie dieses Projekt über lange Zeit immer weiter verfeinert. Der Reifen ist am oberen Ende einer Stange montiert, und darangeschweißt die Teppichstange mit einer kleinen Stahlkugel als Gewicht unten dran. Die gesamte Konstruktion ist stolze zwei Meter hoch und sehr beruhigend, wenn man ihr so beim Pendeln zusieht.

Das Ganze ist Teil einer Demonstration, die folgendermaßen funktioniert: Am Computer wurde ein Pendel modelliert, das genau gleich aussieht wie das Fahrrad-Rad-Teppichstangen-Modell. Startet man beide Pendel – das reale und das modellierte – zur gleichen Zeit mit der gleichen Auslenkung, synchronisieren sich die beiden. Über einen Beamer wird das Modell, das nur am Computer existiert, auf das echte projiziert.

Die didaktische Absicht dahinter ist, zu zeigen, wie genau Modelle sind. »Das ist an diesem Beispiel sehr gut beschreibbar«, sagt Niki Popper, »weil wir seit Isaac Newton wissen, wie ein Pendel funktioniert und wie wir es mit Differentialgleichungen beschreiben können. Wir können also die Gleichung für ein perfektes Pendel aufschreiben und es virtuell exakt simulieren. Und trotzdem wird man sehen, dass das reale Pendel sehr schnell von der Simulation abweicht.«

Man kann dann in der Simulation das modellierte Pendel noch genauer machen, den Luftwiderstand, die Reibung, alles einberechnen. Man kann die Unwucht abbilden, die dadurch entsteht, dass die pendelnde Stange nicht in der Mitte, sondern außen am Reifen montiert ist. Das Pendel wird immer »besser«, aber egal wie viele Daten hinzugefügt werden, es wird immer abweichen. Niki Popper sagt: »Modelle kommen beliebig nahe an die Realität ran, wenn man viele Informationen hat, aber bilden nie perfekt die Realität ab.« Es gibt immer Störfaktoren, die zu Abweichungen führen und die man wiederum in jedes Modell einrechnen muss, als »Fehlerabschätzung«. Dieses Wissen ist enorm wichtig. Für die Modelle und Simulationen selbst kann man so einschätzen, wie weit »daneben« man liegt. Sehr oft werden aber Modelle zur Steuerung verwendet. Dann kann man abschätzen, wie oft man die realen Messungen mit den berechneten Routen abgleichen muss, um »on track« zu bleiben.

Das Pendel wurde in der Drahtwarenhandlung im Rahmen der immer wieder stattfindenden Veranstaltung *Lange Nacht der Forschung* (siehe Glossar) hergezeigt. Immer wieder überlegen sich Niki Popper und sein Team für diese Veranstaltungsreihe, die als Wissensvermittlungs-Festival stattfindet, Geschichten und Modelle, mit denen sie zeigen können, was sie da eigentlich treiben. So kam es auch zum »Liebes-Simulator«.

Berechnete Liebe

Auf Basis anderer Publikationen veröffentlichte die Forschungsgruppe rund um Felix Breitenecker und Niki Popper die Arbeit *Love Emotions between Laura and Petrarch – an Approach by Mathematics and System Dynamics*.[34]

Die Idee: Auf der Basis von Sonetten des italienischen Dichters Petrarca (siehe Glossar) an eine unbekannte Verehrte namens Laura sollte die Dynamik der Liebe beschrieben werden. »Es gibt verschiedene Faktoren wie

Sehnsucht, Eifersucht und so weiter«, sagt Niki Popper. »Die Sonette, in denen er manchmal verzweifelt ist und dann wieder sehr motiviert, haben uns als Datenpunkte gedient. Aufgrund der vorhandenen Informationen haben wir sie datiert und daraus den zeitlichen Verlauf der Faktoren wie eben Sehnsucht extrahiert.« Je länger die beiden Liebenden oder nicht Liebenden sich nicht gesehen haben, umso mehr steigt die Sehnsucht anscheinend an. »Also wenn man zumindest den Worten des Dichters glaubt, denn leider, wie so oft, können wir die Geschichte nur aus der Sicht des Mannes modellieren, weshalb wir uns heute für mehr Diversität einsetzen«, scherzt er. Jedenfalls, sagt Niki, kann man diese Datenpunkte nicht nur »messen« (Messen bedeutet in dem Fall, das Leiden des Autors aufgrund seiner Reime zu quantifizieren), sondern den mathematischen Zusammenhang aufstellen, wie die Sehnsucht nach den Zeitpunkten des Leidens ansteigt oder sinkt. So kann man erkennen, was man vermutlich schon wusste, nämlich dass eine Liebesbeziehung etwas Dynamisches ist.

An dieser Stelle wird Niki Popper poetisch: »Die Menschen kreisen wie Sterne umeinander. Manchmal sind sie einander näher, manchmal Lichtjahre entfernt.« Dann wieder mathematisch: »Und das berechnen wir mithilfe von Differentialgleichungen oder System Dynamics.«

Und schließlich, sagt er, muss man sich überlegen, was das eigentlich heißt: »Es ist natürlich unmöglich, Liebesbeziehungen zu prognostizieren. Zum Glück. Aber auf Basis eines kausalen Modells kann man schon interessante Erkenntnisse über die Mechanismen destillieren.« Denn genau so, wie die Sehnsucht Menschen zueinandertreibt, gibt es Faktoren, die die Anziehung wieder auflösen. Die Gewöhnung an den anderen zum Beispiel, wenn er

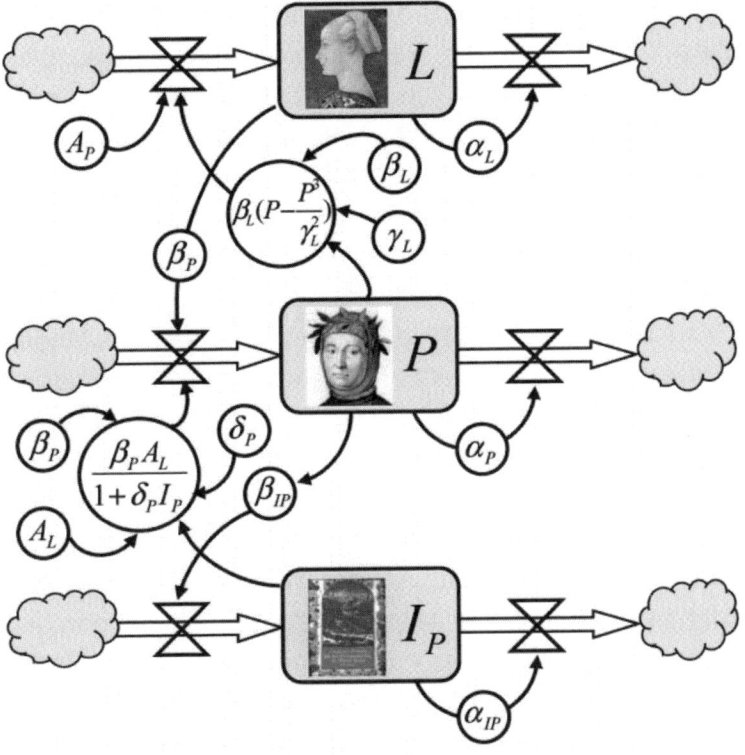

Abbildung aus der Publikation *Love Emotions between Laura and Petrarch – an Approach by Mathematics and System Dynamics*, die ähnlich wie bei anderen Modellen die »Systemdynamik« zwischen Liebenden beschreibt

oder sie alltäglich wird, oder gar zu viel Nähe. Diese Mechanismen wirken gegeneinander und haben unterschiedliche Effekte auf die »Position« der beiden Menschen. Dadurch entsteht Bewegung und also Dynamik. Das ist ganz ähnlich wie beim »Partyplaner« (nur auf einer anderen Zeitskala), und würde man noch eine dritte Person einführen, hätte man literarisch betrachtet wohl eine Dreiecksbeziehung und mathematisch gesehen ein Dreikörperproblem.

In der *Langen Nacht der Forschung* jedenfalls wurde dieses Modell in die Neuzeit transferiert. »Bei allen gegebenen Limitierungen wollten wir zeigen, was möglich ist. Welche Aspekte einer Beziehung man sich anschauen kann und welche eben nicht. Das Ganze natürlich mit einem Augenzwinkern.« Dazu wurde das Modell aktualisiert und durch ein Bilderkennungssystem erweitert, das die »Attraktivität« der Besucherinnen und Besucher messen sollte, die als ein Parameter ins Modell einfließen sollte. »Da gibt es ganz ernsthaft viele Theorien wie Symmetrie, Abstand der Augen und so weiter, die wir aus Spaß hineingenommen haben in unser Modell.« Ein Mensch bekommt so eine »Schönheit« von 1 bis 100 zugewiesen. »Ob das Sinn ergibt? Nein, natürlich nicht! Aber es geht – und das ist schon wieder etwas, worauf man beim Modellieren aufpassen muss.« Es gibt nämlich neben technologischen und formalen auch ethische Aspekte, die man immer beachten muss und auf die man schneller stößt, als man es im Grundstudium glauben möchte. In der *Langen Nacht der Forschung* konnten sich so jedenfalls zwei Menschen vor eine Kamera setzen und modellieren lassen, wie ihre Beziehung verlaufen würde.

Dahinter steckte ein Modell aus Differentialgleichungen. »Für dieses Modell brauchten wir so etwas wie die Größe ›Schönheit‹«, sagt Niki. »Das allein ist ja skurril, weil, wie wir alle wissen, die Schönheit im Auge des Betrachters liegt. Außerdem nimmt sie, wie wir aus der Wissenschaft wissen, zu unterschiedlichen Zeitpunkten unterschiedliche Wichtigkeit ein – und sie verändert sich über die Zeit im Auge des Betrachters und wohl auch objektiv. Für unser Modell haben wir also festgelegt, dass die Anziehung auch von der Schönheit abhängig ist.« Eine solche Größe wird klassischerweise in ein Teilmodell gepackt und dann, in einem modularen Modellsystem, integriert. Das Teilmodell »Schönheit« basierte also auf Veröffentlichungen, Untersuchungen, die erklären, welche Eigenschaften als besonders schön angesehen werden. »Wir haben daher unsere Kamera aufgebaut und den Schönheitsfaktor gemessen«, sagt Niki. »Dabei wollten wir den Leuten nicht erklären, wie schön sie sind, sondern wie solche Parameter für Modelle entstehen. Heikel war der Versuchsaufbau schon, weil nicht alle Besucher mit dem Ergebnis zufrieden waren und den Algorithmus kritisiert haben.«

Spannend ist dabei, dass von den vorgegebenen Parametern der Algorithmus abhängt und man diese stark beeinflussen und so tricksen kann. »Hätten wir von vornherein gesagt, dass beispielsweise ich als das Schönheitsideal gelte, hätte das Modell dementsprechende Werte ausgespuckt.« Solche Mechanismen zu verstehen, ist beim Modellieren von großer Bedeutung. »Uns ist wichtig, das durch solche Aktionen möglichst vielen Menschen klarzumachen.«

Die richtige Frage

Lässt sich also alles modellieren? Eine Frage, die Niki Popper ein schallendes Lachen entlockt, gefolgt von: »Es lässt sich alles modellieren. Ob es Sinn ergibt und wofür, ist aber eine andere Frage!« Der zentrale Punkt sei: Welche Frage soll beantwortet werden? »Es lässt sich wenig bis gar nichts modellieren, wenn ich eine Prognose für den Tag X in der Zukunft haben möchte. Auch das Wetter ist nicht für beliebig viele Tage modellierbar. Es lässt sich aber vieles modellieren, wenn ich die richtige Frage stelle.«

Die richtige Frage beinhaltet sehr viel öfter, als man glaubt, kein Wieviel, sondern ein Warum. »Es geht also um die sogenannte ›Forschungsfrage‹«, sagt Niki. »Ob ich zum Beispiel eine Prognose oder aus einer limitierten Anzahl an möglichen Strategien die beste herauspicken möchte – vielleicht auch noch für unterschiedliche Systementwicklungen (also Faktoren, die ich subjektiv nicht beeinflussen kann).« Abgesehen davon: »Ein erfolgreiches Modell hängt von zwei weiteren Faktoren ab: den aktuell und künftig zur Verfügung stehenden Daten und dem vorhandenen Systemwissen.«

Allein zum Thema Daten gibt es zig Forschungsgebiete, die sich mit Datenqualität, Bias (siehe Glossar) und zeitlicher Verteilung beschäftigen. Auch die Reproduzierbarkeit der Daten in der Zukunft ist relevant. »Denn so, wie ich echte Experimente wiederholen können muss (idealerweise in einem anderen Labor durch andere Forscherinnen und Forscher), müssen wir auch Simulationsexperimente wiederholen können. Das stellen wir dadurch sicher, dass wir erklären und beschreiben, welche Modellvereinfachungen und Hypothesen wir hineingesteckt haben.«[35]

Das Systemwissen auf der anderen Seite umfasst den Aspekt, wie gut das System beschreibbar ist. »Kennen wir Gleichungen dazu? Kann ich aus den Beobachtungen solche entwickeln? Weiß ich einzelne Zusammenhänge, die ich abbilden kann? Und vieles mehr.« Systemwissen, sagt Niki, reicht von mathematischen Gleichungen zur Bewegung von Gestirnen bis zu neuen Erkenntnissen von Mikrobiologen.

Je komplexer die Forschungsfrage, desto mehr Daten und Systemwissen sind nötig.

Die richtige Forschungsfrage fußt also auf Daten und Systemwissen. Ist beides nicht vorhanden, gibt es kein Modell. Sind nur Daten vorhanden, aber kein Systemwissen, werden Methoden wie Artificial Intelligence zum Einsatz kommen, und mit der Fülle an Daten wird man »Black Box«-Modelle erstellen. Ist sehr viel Systemwissen vorhanden und nur wenige Daten, ist es möglich, theoretische Modelle aufzustellen, um zu modellieren, wie das System grundsätzlich funktioniert.

Im Fall des »Liebes-Simulators« etwa gibt es wenig Daten. Weil sie nicht messbar sind oder vielmehr gar nicht klar ist, was überhaupt gemessen werden soll. »Dafür ist es möglich, Hypothesen aufzustellen, da wir uns zumindest einbilden können, dass Systemwissen vorhanden ist – nämlich aus eigener Erfahrung«, erklärt Niki. So weiß man, dass es in einer Liebesbeziehung anstrengend wird, wenn man die ganze Zeit aufeinanderklebt. Und dass man einander vermisst, wenn man sich vier Wochen nicht sieht, die Liebe allerdings vielleicht weniger wird, wenn man sich fünf Jahre nicht sieht. »Ob das so ist, kann man in einem Roman beschreiben oder eben aus Interesse modellieren und herausfinden, was mit den selbst aufgestellten Annahmen herauskommt. Und man kann herrlich mit anderen diskutieren, wie ihre Annahmen sind – oder ihre ›Ergebnisse‹.«

»Insofern«, sagt Niki Popper, »kann man alles modellieren. Man muss nur sehr vorsichtig sein und das Ergebnis richtig einordnen.« So versucht er, Menschen zu erklären, was kausale Modelle leisten können – und was nicht, wie im Fall des »Liebes-Simulators«. »Kurz nach der *Langen Nacht der Forschung* meldete sich eine Partnervermittlungsagentur bei uns und wollte das Modell verwenden. Wir mussten den Betreibern dann schonend erklären, dass es nur ein Spaß war, ein Versuch, die Möglichkeiten, aber auch die Grenzen der Modellierung zu zeigen. Und dass wir ihnen das Modell leider nicht für ihre Dating-App zur Verfügung stellen können.«

Und wieder eine Chance verpasst, gutes Geld zu verdienen.

Epidemie, Weltuntergang

Um zu vermitteln, was eine Simulation ist und was alles modelliert werden kann, braucht man auch ein Realprojekt. 2011 wurde bei »Junior Alpbach« (siehe Glossar) das »Epidemiemodell« umgesetzt. Phänomene wie die Herdenimmunität und das Verhalten der Menschen, wenn eine Impfung zur Verfügung steht, wurden live simuliert, und zwar derart, dass auf dem Boden ein Raster aufgeklebt wurde, in dem sich die Mitwirkenden bewegten. Diese stellten, durch Schutzwesten oder/und farbige Kappen markiert, entweder Gesunde, Suszeptible oder Immune dar – und verhielten sich nach Berührung entsprechend. »Damit lässt sich etwa gut zeigen, warum Impfen funktioniert. Es stehen dann so viele Immune im Weg, dass das Virus nicht mehr durchkommt.«

Genau das, was die Teilnehmerinnen und Teilnehmer auf dem realen Raster durchspielten, kann man durch eine Simulation am Computer darstellen – und stufenlos komplexer drehen. Dort lässt sich etwa ganz einfach das 10 x 10-Raster auf ein 80000 x 100000-Feld erhöhen,

Kniend wird mit Klebeband ein Raster gebastelt, Schaumstoffblöcke stellen Hindernisse dar. Diese »Umwelt« ermöglicht es den Mitspielerinnen und Mitspielern, selbst ein Gefühl dafür zu bekommen, wie sich ein Agent fühlt.

wodurch es mit der österreichischen Bevölkerung vergleichbar wird.[36] »Das Projekt zeigt«, sagt Niki Popper, »dass ein Bevölkerungsmodell nichts anderes als ein schrittweises Kompliziertermachen dieses einfachen

Basismodells ist. Die Methodik ändert sich aber grundsätzlich nicht. Dass die Realität noch viel komplizierter und komplexer ist, ist eh logisch.«

Die Umsetzung mit der Kappe beziehungsweise den Schutzwesten zeigt übrigens einen anderen ganz interessanten Aspekt. Im »realen« Experiment kann man nur eine Welt abbilden, in der alle Individuen »voll informiert« sind. Sowohl man selbst wie auch alle anderen wissen durch die Kappe beziehungsweise die Schutzwesten über den »Status« Bescheid, alles andere wäre ziemlich kompliziert. In der Realität ist das anders. Hier gibt es insgesamt vier Möglichkeiten: Alle wissen Bescheid, niemand weiß Bescheid (das ist zum Beispiel während einer Inkubationszeit der Fall, weshalb sich Viren so gut ausbreiten), nur man selbst weiß Bescheid, die anderen aber nicht, und: Nur die anderen wissen Bescheid (die wohl unrealistischste Möglichkeit). »All diese Varianten«, sagt Niki, »können wir ohne großen Aufwand im Modell abbilden.«

Modelle wie dieses bauen die Expertinnen und Experten der dwh, damit Menschen besser verstehen, warum solche kausalen Modelle verwendet werden und wie Daten, Systemwissen und die richtige Frage miteinander zusammenhängen.

Dazu gehört auch der berüchtigte »Sauf-Simulator«, ein Modell, bei dem Geschlecht und Gewicht eingestellt werden können. Mit diesen Daten wird dann simuliert, wie Alkohol sich auf die einzelnen Personen auswirkt. Auch das war ein nicht ganz ernst gemeinter Beitrag, der für eine *Lange Nacht der Forschung* entwickelt wurde. »Mit einem Alkomaten konnte man parallel dazu ausprobieren, ob das Modell stimmt«, sagt Niki Popper. »Es war natürlich viel zu einfach, waren doch eben ›nur‹ die beiden Parameter Geschlecht und Gewicht inkludiert. In einem ›vernünftigen‹ Modell müssten gemeinsam mit Medizinerinnen und Medizinern Aspekte wie Nahrungsmittelaufnahme, Stoffwechselparameter, Bewegung und Vorerkrankungen aufgenommen werden. Trotzdem hat es gezeigt, wie unterschiedlich Alkohol wirkt.«

Sogar zum Weltuntergang gab es eine passende Simulation. »Im Jahr 2012 hätte ja laut Maya-Kalender die Welt untergehen sollen. Nachdem wir der wissenschaftlichen Unvoreingenommenheit folgend allen Prognosemodellen gegenüber sehr offen eingestellt sind, haben wir uns überlegt, wie man so etwas modellieren kann, um zu zeigen, welche Varianten des Weltuntergangs wie wahrscheinlich sind.« Da gibt es natürlich sehr viele unterschiedliche Möglichkeiten, die auch in Hollywood schon fast alle abgearbeitet wurden. Kometen oder Asteroiden, Vulkane, Klimakatastrophe mit folgender Eiszeit und vieles mehr. Und Modelle sollen sich ja mit konkreten Lösungsvorschlägen befassen. Also wurde (so ist es im Programm von damals nachzulesen) erklärt: »Wie können wir den Ablauf unterschiedlicher Katastrophen aus Kostenersparnisgründen mit einem einzigen Simulationsmodell berechnen?« Und: »Was müssen wir beim Hausbau auf dem Mond beachten, falls es uns auf der Flucht dorthin verschlägt?« Diese zweite Frage wurde mit Bausteinen simuliert, die real aufeinandergestellt werden konnten. Mittels eines Scanners konnte dann genau diese Konfiguration mit flachen Steinen nachgebaut und in die Simulation übernommen werden (die flachen Steine deshalb, um die Gravitation in der Realität zu umgehen – die bisher leider noch nicht ausgeschaltet werden kann).

Links erste Tests mit der Erkenntnis, dass Niki Popper in dieser Begabung nicht nach seinem Architektenvater kommt. Rechts der Versuchsaufbau.

Im Monitor konnte man dann parallel zum Beispiel die Statik auf der Erde und am Mond unter sonst identen Bedingungen miteinander vergleichen.

Ein weiterer Aspekt war die Frage, wie man herabstürzende Objekte gescheit simulieren kann. Dazu entwarfen die Drahtwarenhändlerinnen und Drahtwarenhändler ein Tableau mit Kipp-Effekt und bunten Kugeln. Wurde das Tableau gekippt, rollten die Kugeln von einer

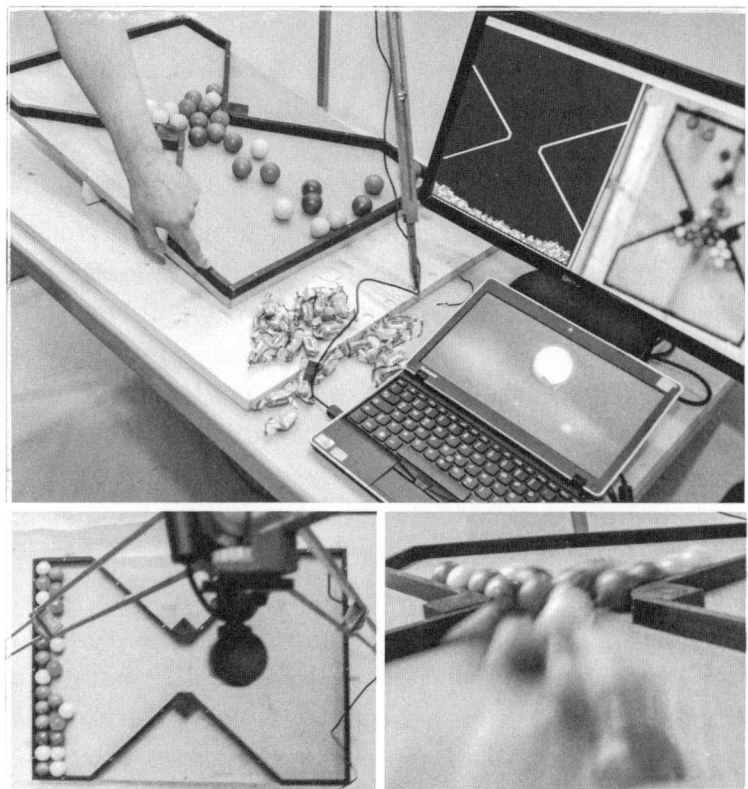

Mittels einer Kamera (links unten) wurde die exakte Startkonfiguration in die Simulation übernommen. Nach dem händischen Kippen (oben) sieht man den Unterschied im Ablauf (reales Brett versus Simulation im Monitor).

Seite auf die andere – und kamen jedes Mal anders zum Liegen. Dieser Vorgang wurde am Computer simuliert. Es war genau das gleiche System: Die Kugeln rollten, prallten aufeinander und kamen wieder zum Liegen – aber niemals genau so, wie in der Realität. »Man wird nie erreichen, dass sie genau gleich liegen wie am echten Tableau«, sagt Niki Popper, »das wollten wir damit zeigen. Für jeden von uns ist eh klar, dass es nicht genau gleich sein kann. Aber immer wieder haben es Besucher ausprobiert, um zu sehen, wie sich Realität und Simulation unterscheiden und warum. Wenn ich das Tableau zwei Mal kippe, kommt ja auch nicht das gleiche Ergebnis.«

Man bräuchte das perfekte Modell, mit allen Informationen über jedes Atom zu jeder Zeit, zur Luftfeuchtigkeit bis zu minimalen Veränderungen in der Schwerkraft – nur dann könnte man vielleicht die Zukunft (inklusive Weltuntergang) vorhersagen. Laplace lässt grüßen. »Wir haben gezeigt, dass Zufallsfaktoren oder Unwissen miteinfließen. Und beides kann man nicht abbilden. Aber man sieht an beiden Experimenten, dass sich das prinzipielle Verhalten des Systems sehr gut abbilden lässt. Die Kugeln kommen immer in eine stabile Ruhelage.«

Auch diese Simulation zog einen spannenden Anruf nach sich. Diesmal war es keine Partnerbörse, sondern der Agent eines norwegischen Künstlers. Er hatte die Kugel-Simulation gesehen und beschloss, die Simulations-Freaks aus Wien mit seinem Projekt zu betrauen: Der Prozess des Papiermachens sollte am Computer nachgebaut werden. »Er fragte, ob wir ihm da helfen könnten«, sagt Niki Popper. »Der Künstler hatte schon mit Molekulardynamikern gesprochen und mit Technikerinnen, beide hätten ihm keine zufriedenstellende Lösung anbieten können. Was er wollte, war eine Modellierung der einzelnen Zellulosestückchen in der Maische und wie sich das Ganze zu Papier entwickelt.«

Weil ihnen das Ganze so absurd vorkam, bekam das Projekt in der dwh den Namen »Pulp Fiction« und wurde tatsächlich modelliert. Man sieht genau, wie die Zellstoffstückchen sich in der Maische bewegen und dann gepresst werden. »Faktoren wie die Größe und Form der Partikel, die Dichte der Flüssigkeit und der Druck waren dabei wichtig, aber im Grunde war es ein relativ einfaches Modell.«

Seit 2013 läuft nun im Kistefos-Museum, Oslo, Norwegen ein Modell, verpackt in die Visualisierung einer alten Papierpresse, die nichts anderes macht, als stündlich ein Mal in originaler Geschwindigkeit einen Bogen Papier zu pressen. Das dabei entstehende Bild wird auf eine Festplatte gespeichert. Wenn sie voll ist, nimmt sie ein Museumsmitarbeiter und legt sie auf eine eigens angefertigte Holzbank – auf einen Stapel mit anderen bereits vollgeschriebenen Festplatten. (https://tinyurl.com/266aayr8) Es scheint tatsächlich nichts zu geben, das nicht simuliert werden kann.

»Das didaktisch Entscheidende ist«, sagt Niki Popper, »dass es nicht immer ums Prognostizieren geht, sondern ums Verstehen. Nicht um das Wieviel, sondern das Warum. Das ist das Zentrale, das möchten wir transportieren und unsere Studierenden lehren. Das ist auch der Grund, warum unsere Modelle auf so einfache Beispiele – Liebe, Epidemie, Saufen – heruntergebrochen werden, für die Öffentlichkeit oder für Studierende. Auch wenn wir unsere Arbeit natürlich in Wahrheit sehr ernst nehmen. Modelle können in Zukunft nur sinnvoll eingesetzt werden, wenn Menschen Vertrauen dazu entwickeln. Und das kann sich nur entwickeln, wenn man versteht, was da passiert, und ein Gefühl dafür bekommt.«

Kapitel 13
Modelle in Zukunft

Existenzielles, Allmachtsfantasien und Visionen

Die App »RheumaBuddy« ist ein Beispiel dafür, wie Modelle uns in Zukunft begleiten werden. Sie hilft, wie viele andere Tools auch, chronisch kranken Menschen dabei, ihr Leben hoffentlich besser zu meistern. Dabei können Userinnen und User eintragen, wie es ihnen geht, sie können Therapien und Daten verwalten und so besser verstehen, was ihnen mehr hilft und was weniger. Es gibt mittlerweile Tausende Apps, die unterstützend dabei wirken, alles Mögliche zu steuern. Verwendet werden sie etwa bei Erkrankungen wie Diabetes (zum Beispiel mysugr) oder beim Abnehmen bis hin zum Lauftraining (etwa runtastic). Wie gut sie sind und ob man solche Apps wirklich braucht, sei dahingestellt, wichtig ist aber das eigentliche Ziel: Es geht im medizinischen Bereich darum, Therapien treffsicherer zu machen und die sogenannte Adherence (siehe Glossar) der Menschen zu verbessern. Die Adherence sagt aus, ob Patientinnen und Patienten eine Therapie, für die sie sich gemeinsam mit ihren Ärztinnen und Ärzten entschieden haben, auch wirklich umsetzen können, ob sie ihre Medikamente nehmen beziehungsweise ihre Übungen machen. Dadurch steigert man im Idealfall nicht nur das Wohlbefinden und die Gesundheit der Betroffenen, sondern senkt auch die Kosten für das Gesundheitssystem. Je treffsicherer eine Therapie, umso weniger davon brauche ich. Der »Rheuma-

Buddy« hilft dabei, zu verstehen, wie etwa schmerzhafte Rheumaerkrankungen verlaufen und wie man betroffenen Patientinnen und Patienten besser helfen kann. Der Blickwinkel ist dabei subjektiv. Die Auswirkungen subjektiv und objektiv. Das ist es, was uns daran interessiert. Genauso wie wir hier Pfade von Patientinnen und Patienten bauen, bauen wir den Pfad eines Transportgutes nach, das durch die Welt reist, oder unsere eigenen Wege, auf denen wir uns durch die Welt bewegen. All diese Dinge haben den Blickwinkel gemeinsam, dass sie subjektiv sind. Diese Subjektivität werden Modelle der Zukunft brauchen, denn dadurch wird Diversität gut abgebildet. Es gibt keinen 08/15-Patienten, keine 08/15-Patientin mehr, sondern idealerweise Einzelschicksale, die mit Modellen der Zukunft so abgebildet werden können, dass dadurch etwas ganz Profanes gezeigt werden kann: nämlich wie es der Person geht. Das ist etwas sehr Persönliches, zugleich ist es stark daten- und evidenzgetrieben.

Die Bedürfnisse jedes einzelnen Menschen, das ist die Sichtweise, in der die Zukunft der Modelle liegt. Sie müssen so genau sein, wie die Bedürfnisse jeder und jedes Einzelnen nun einmal sind. Insofern ist unsere Arbeit in einem EU-Projekt gemeinsam mit »RheumaBuddy« ein sehr gutes Beispiel dafür, worin die Zukunft der Modelle im Gesundheitsbereich liegt: zu verstehen, wie es dem Menschen geht, und wenn notwendig und gewünscht, ihn oder sie dabei zu unterstützen, mit evidenzbasierten Interventionen sein oder ihr Leben zu verbessern. Jeder, der solche Apps schon einmal verwendet hat, weiß jedoch: Das klingt oft sehr schön, wie Neujahrsvorsätze, ob es allerdings wirklich funktioniert, steht auf einem ganz anderen Blatt. Uns geht es darüber hinaus auch nicht darum, den Absatz einer Handy-App zu erhöhen. Wir modellieren und bauen Modelle, um zu bewerten und zu verstehen.

Modelle der Zukunft schlüpfen in das Individuum hinein, in die subjektive Sichtweise, und werden der Diversität der Menschen gerecht. Aber wie wirkt sich diese Diversität im Großen aus? Können wir durch die Verbesserung einer Therapie für Einzelne die oben genannten Effekte für die Gesamtheit bewirken? Geht es den Menschen insgesamt besser? Und sinken die Kosten, die zum Beispiel für teure Rehabilitationen derzeit entstehen?

Wenn wir Probleme früher erkennen können und so Schäden verhindern, statt sie zu reparieren, würden wir alle viel gewinnen.

Subjektivität

Entscheidend ist der Blick auf das Gesamte und die Möglichkeit, das Individuelle des Einzelnen in einem Modell abzubilden. Dafür steht unser virtuelles Bevölkerungsmodell. Es ist eine Möglichkeit, zu verstehen, wie die Welt von oben, quasi aus der Vogelperspektive, funktioniert, ohne den Blick aufs Detail zu verlieren. Die subjektive Sichtweise setzt sich in dieser übersichtlichen Perspektive fort – auf unserer Landkarte und den repräsentativen Punkten, die sich dort bewegen und die uns die übergeordnete Dynamik aller Individuen darstellt.

Die subjektive Sichtweise geht dabei nicht verloren, das ist für mich das Faszinierende an diesem Bevölkerungsmodell. Die subjektive Sichtweise jedes Einzelnen fließt ein, wir können Stärken und Schwächen abbilden, sie werden übernommen und hochgerechnet auf alle knapp 8,9 Millionen Menschen, die in Österreich leben. Und zwar für alle Bereiche, in denen die Interaktion zwischen Menschen, Prozessen und Infrastruktur eine Rolle spielt. Wie bewegen wir uns? Wie gelangen Güter und Waren des täglichen Bedarfs zu mir? Wie kommt Energie in meine Wohnung? Wie treffe ich mich mit anderen Menschen? Wie bekomme ich mein Postpaket oder meinen Internetzugang? Die Liste ist beliebig lang und betrifft im Grunde all das, was unser modernes Leben ausmacht und für alle Menschen relevant ist, die nicht allein und autark im Wald leben.

Die entscheidenden Prozesse abzubilden, ist die Basis für Überlegungen, wie sie verbessert werden können. So weit sind wir noch lange nicht – und in der Covid-19-Krise haben wir nicht zuletzt gelernt, wie kompliziert es ist, Erkenntnisse auch in realen Entscheidungen zu berücksichtigen. Aber wir sind auf dem Weg.

Woher kommen die Daten?

Auch die Datenerhebung wird in der Zukunft eine andere sein. Wichtig ist, zu verstehen, dass es nicht um den Ausverkauf persönlicher Daten gehen soll und darf. Wir müssen hier ganz klar zwei verschiedene Dinge unterscheiden.

Persönliche Daten sind dann wichtig, wenn es etwa um Predictive Medicine geht, also um konkrete Prognosen. Ein Arzt möchte beispielsweise prognostizieren, wie bereits kurz erwähnt, ob seine Patientin in den nächsten Jahren an Brustkrebs oder einem anderen Leiden erkranken könnte. Dabei geht es um höchstpersönliche Daten: die Krankheitsgeschichte, Familienanamnese, Blutwerte, Diagnoseergebnisse, genetische Daten und so weiter. Das ist ein sehr heikles Thema, zugleich auch sehr spannend – aber es ist nicht direkt unser Thema.

Unser Thema, das, wofür wir Modelle bauen und berechnen, ist, wie das Gesundheitssystem als Ganzes und grundsätzlich funktioniert. Dazu braucht es meist keine personenbezogenen Daten. Uns interessiert, klar definiert auf Gemeinde- oder Bezirksebene, etwa: Wie viele Frauen zwischen 40 und 50 Jahren mit bestimmten medizinischen Vorgeschichten gibt es? Was uns nicht interessiert: Name, Adresse, Telefonnummer oder deren Internet-Suchverlauf. Dazu gibt es Methoden, mit denen wir bis hin zu Labor- und genetischen Daten sogenannte statistische Repräsentanten berechnen können.

Die Modellrechnungen während der Covid-Pandemie haben uns deutlich gezeigt: Wenn wir ein vernünftiges Datenmanagement betreiben, können wir das Leben sehr viel besser steuern und tangieren dabei überhaupt nicht die Persönlichkeitsrechte.

Existenziell, nicht optional

Eine weitere Lehre aus der Covid-Pandemie: Modell-rechnungen haben sich nicht als optional, sondern als existenziell erwiesen. Wir brauchen die mögliche Evidenz als Ergebnis der Datenanalysen und auch der Modelle, um Entscheidungen treffen zu können. Wie sollten wir sonst mit dem Klimawandel umgehen? In einer solchen Situa-tion, die neu ist und in der wir auf keine Daten aus der

Vergangenheit zurückgreifen können, werden wir Modelle brauchen, um entscheiden zu können, ob die Impfung hilft oder welche Folgen der Klimawandel für uns haben wird.

Das Bittere daran: Bei den Berechnungen während der Covid-Pandemie hatten wir so klare Evidenz, welche Handlungsschritte vernünftig sind (sich impfen zu lassen etwa), und doch haben sie viele Menschen ignoriert. Wenn wir dies auf den Klimawandel und die daraus abgeleiteten Themen wie Logistik oder Mobilität umlegen, wird es in diesen Bereichen umso schwieriger werden. Wir schaffen es nicht, die Ergebnisse auch zu kommunizieren. Denn dort sind wir wohl aufgrund der größeren Zeitskala noch weiter davon entfernt, den Menschen die klare Evidenz zu vermitteln wie etwa beim Thema Covid-Impfung. Was wird die logische Konsequenz daraus sein? Wie werden die Menschen auf unsere Ergebnisse reagieren? Es ist zu befürchten, dass sie gar keine Konsequenzen für ihre Handlungen ziehen werden. Die Folgen aber sind dann noch weit drastischer, als sie es im Fall der Covid-Pandemie waren.

Aus meiner Sicht ist es also keine Option, möglichst klar evidente Zusammenhänge mit Simulationsmodellen abzubilden, sondern eine Notwendigkeit. Für die dwh bedeutet das: Unsere wirtschaftliche Zukunft lässt sich ganz simpel vorhersagen. Entweder, Modelle wie unsere werden ursächlich notwendig sein, damit die Menschen auf deren Basis vernünftige Entscheidungen treffen können. Oder die Ergebnisse werden nicht gehört – dann stehen wir angesichts dessen, was durch den Klimawandel droht, ohnehin vor einer Katastrophe, und es ist fast egal, wenn wir dann zusperren müssen.

Handeln bewerten

Was wir machen, machen wir schon lange. Die Wirksamkeit einer Impfung zu bewerten, ist für uns nicht neu. Zuletzt haben wir das auch in der Covid-19-Krise gemacht[37] – und die Verantwortung, die mit einer solchen Bewertung einhergeht, ist uns nicht fremd. Therapien zu bewerten, ist notwendig und mittlerweile gang und gäbe.

Manche Therapien werden a priori bewertet, bei ihrer Einführung. Direkt nach einer Zulassung, wenn man also weiß, dass die Therapie nicht schadet und vor allem auch für Patientinnen und Patienten einen Nutzen bringt, beginnt das Feld, in dem wir arbeiten. Mit Real World Data wird analysiert, welchen Nutzen die Therapie genau hat, ob es kleinere Nebeneffekte gibt, die zuvor nicht bemerkt wurden, aber vor allem auch, wie viel besser es den Menschen geht oder ob man Kosten einsparen kann. Mit unseren Modellen können wir dann gemeinsam mit Medizinerinnen und Medizinern dazu beitragen, den Einsatz weiter zu verbessern, zum Beispiel festzustellen, ob andere Patientinnengruppen und Patientengruppen davon profitieren können.

Mittlerweile greifen aber die Analysen und Modelle noch früher. Das sogenannte Conditional Reimbursement (in etwa: (erfolgs-)abhängige Rückerstattung, siehe Glossar) bedeutet, dass für eine Therapie, die eine Ärztin oder ein Arzt verschreibt, nicht ein (fixer) Betrag X an den Hersteller bezahlt wird, sondern parallel zum Einsatz der Nutzen analysiert und abhängig davon, wie erfolgreich der Einsatz ist, bezahlt wird. Im Krankenhausbetrieb verwendet man den etwas einfacheren und klareren Fachbegriff »Risk Sharing«. Es ist also eine Art der

Risikoaufteilung: Der Hersteller stellt beispielsweise eine Krebstherapie zur Verfügung. Diese hat aber keinen Fixpreis, sondern die Bezahlung erfolgt abhängig von der Drop-out-Rate und anderen Parametern des Behandlungserfolgs. Angenommen, von 100 Patientinnen und Patienten ziehen 89 die Therapie durch, und sie wirkt, dann bekommt der Hersteller mehr, als wenn dies nur 30 tun.

Die bereits kurz erläuterte Adherence zeigt an, ob Therapien von Ärztinnen und Ärzten, Patientinnen und Patienten gemeinsam umgesetzt werden. Im Fall der Covid-Pandemie war beim Impfen, Testen und Shutdowns eine sinkende Adherence zu beobachten. Die Menschen waren immer weniger bereit, Maßnahmen mitzutragen. »Verständlich!«, könnte man sagen, doch dadurch geht es mehr Menschen schlecht, und die Gesamtkosten steigen.

Wer aber entscheidet, welche Therapie die richtige ist? Wer, was zu viel ist und was zu wenig? Fragen, die uns nach zwei Jahren Pandemie immer noch ratlos zurücklassen.

Die Adherence ist etwas, das Modelle der Zukunft abbilden werden müssen – aber wir werden auch darüber diskutieren müssen, was wir mit den Ergebnissen anfangen. Welchen Ergebnissen vertrauen wir und welchen nicht? Welche Grundlagen und Annahmen stecken wir in solche Modelle? Und was tun wir, wenn es darauf hinausläuft, dass viele solidarisch für wenige sein sollten, um einen Wert zu verbessern?

Über mobile Apps kann die Adherence bei konkreten Therapien verbessert werden. Das macht es einfacher, denn der direkte Nutzen ist hier für den Einzelnen zu erkennen und nicht vom Gesamtwohl entkoppelt.

So können Modelle in Zukunft einen wertvollen Beitrag leisten. Nicht nur im Bereich der Medizin, sondern auch in der Logistik, im Bereich der Mobilität und der Energieversorgung – von der Produktion von Energie bis zu Verbrauch, Raumplanung und dem Zusammenhang all dieser Felder. Schließlich hängt Logistik mit Mobilität zusammen, mit Raumplanung und Infrastruktur.

Abstrakt betrachtet könnte man sagen: Wir bauen die Welt nach. Das ist keine neue Idee. Das abstrakte Modell gibt es seit der Antike. Donella und Dennis Meadows und der Club of Rome haben in *Grenzen des Wachstums* erstmals greifbar gemacht, dass ein solches Weltmodell möglich ist. Sie haben erstmals Wirkmechanismen abgebildet und ein erstes Bild davon gezeichnet, wie alles zusammenhängt. Schon damals hat man gesehen, welche Herausforderung das ist.

Vor rund zehn Jahren gab es einen Call der Europäischen Union, bei dem die zwei wichtigsten Projekte der EU gesucht wurden. Dotiert war dieser Call mit einer Milliarde Euro. Letzten Endes haben die Hirnforschung, die Erforschung des Moleküls Graphen (ein Kohlenstoffmolekül) und ein Projekt zur Quantentechnologie gewonnen.

Im Rennen war aber auch das Projekt, die gesamte Welt zu modellieren. Aus Modellierersicht ist es natürlich schade, dass dieses nicht als Gewinner aus dem Wettbewerb hervorgegangen ist, vielleicht kann man das aber als Erinnerung an die notwendige Demut sehen. Es ist wohl unmöglich, die gesamte Welt abzubilden. Es ist zu kompliziert, es kann nicht funktionieren. Man würde sich verzetteln. Deshalb arbeiten wir und viele Kolleginnen und Kollegen daran, von unten beginnend immer komplexere Modelle zu bauen. (Dabei sollten wir uns allerdings immer den Turmbau zu Babel in Erinnerung rufen: Auch mit diesem Ansatz, der an Kommunikationsschwierigkeiten gescheitert ist, kann man das Ziel aus den Augen verlieren.)

Wir haben mit dem Bevölkerungsmodell ein sehr simples Modell gebaut, das wir hierarchisch anreichern – je nachdem, ob wir eine Pandemie oder die Energieversorgung modellieren. Wollen wir abbilden, wie sich die Menschen fortbewegen, interessiert es uns schließlich nicht, ob sie in einer Villa oder einer kleinen Einzimmerwohnung wohnen. Uns interessiert dann nur, wie viele Menschen durchschnittlich in der Gemeinde X oder dem Bezirk Y wohnen. Wollen wir aber die genauen Wegzeiten wissen – etwa, weil es darum geht, wie schnell sie nach einem Schlaganfall im Krankenhaus sein können –, müssen wir sehr wohl genau wissen, wo genau sie wohnen.

Wir denken hierarchisch. Wir gehen von einer sehr einfachen Version des Modells aus und verfeinern es genau dort, wo wir es für die konkrete Anwendung brauchen. Das ist das Modell der Zukunft. Dazu brauchen wir nicht die exakten Daten jeder Person, sondern gezielt und reduziert. Die Modelle müssen insofern skalierbar sein, als sie für konkrete Fragestellungen zur Verfügung stehen und nicht als eierlegende und allwissende Wollmilchsau.

Die durchaus auch beängstigende Vision, ein Abbild der Realität zu haben, das uns alle in der vollen Gesamtheit und zu jedem Zeitpunkt repräsentiert, ist weder wünschenswert noch möglich. Das wäre eine Allmachtsfantasie. Es ist insofern interessant, als die klassische Simulationstechnik sehr wohl einer solchen Allmachtsfantasie entspringt, nämlich der Annahme, dass, wenn man Prozesse versteht, sie beliebig optimierbar sind. Beispielsweise also Arbeiter optimal ausgebeutet werden könnten.

Als ich mit Simulationen begonnen habe, lautete die klassische Aufgabenstellung zum Beispiel folgendermaßen: Simuliere eine Produktion mit dem Ziel, bei gleichbleibendem Output drei von vier Betrieben zuzusperren und die Arbeiterinnen und Arbeiter zu entlassen. Das war ein klassischer Einsatzbereich für Modelle und Simulation in den 1990er-Jahren. Und damit war (nachvollziehbarerweise) das Vorurteil geboren, dass Simulation arbeitnehmerfeindlich ist.

Heute ist das anders. Ich werde gefragt, ob unsere Modelle dabei helfen können, Prozesse energetisch, ökologisch und sozial zu verbessern. Meine Antwort: Ja. Aber ob man sie dafür einsetzt, ist eine ganz andere Frage. Modelle können nach wie vor der ökonomischen Ausbeutung von Menschen dienen. Oder man setzt sie zur besseren Planung von Prozessen für Gewerkschaften und Arbeiterkammern ein. Oder zur Reduktion des CO_2-Fußabdrucks. Oder zur Reduktion unnötiger Verkehrswege. Oder zur Senkung des Energieverbrauchs durch bessere Nutzung von Infrastruktur. Oder ... Das ist eine echt begrüßenswerte Entwicklung.

Dass das Weltmodell unmöglich ist, bedeutet nicht, dass wir keine Vision haben. Oder dass wir das nicht machen oder nicht institutionalisieren wollen. Aber es bedeutet eben auch nicht, dass wir im Computer ein virtuelles Österreich haben, mit dem wir alles rechnen können. Es ist komplizierter.

Wir wollten eine Infrastruktur schaffen, um für konkrete Fragestellungen auf Basis von Modulen sehr schnell die konkreten Modelle bauen zu können. Die Vision ist ein Strom aus Modellteilen und Daten, mit denen wir dann gezielt etwas erreichen können. Dazu braucht es vor allem Vernetzung, denn an solchen Ansätzen arbeiten weltweit und in Österreich viele Menschen. Wir müssen uns gut verstehen und im Kleinen vorgehen, um die großen Probleme zu lösen.

Zur Zukunft der Modellierung gehören auch die Modellierenden. Diese Expertinnen und Experten sind rar – im Grunde sind sie eine Mischung aus Mathematikerin oder Mathematiker, Informatikerin oder Informatiker und, je nach Fachbereich, Anwendungsexpertinnen und Anwendungsexperten. Es braucht tatsächlich diese Art von Multitalent.

Sprechen wir manchmal mit Wissenschaftlerinnen und Wissenschaftlern aus Bereichen, in denen Modelle noch »unüblich« sind, stellen wir oft fest, dass sie nicht über das Wissen verfügen, das nötig ist, um vernünftige Modelle zu bauen. Mathematikerinnen und Mathematiker haben zwar die Formalisierungskompetenz, es mangelt ihnen aber häufig am Fach- beziehungsweise Implementierungswissen. Die eleganteste Differentialgleichung ist eben unzulänglich, wo es darum geht, einzelne Interventionen in eine Pandemie zu modellieren. Informatikerinnen und Informatiker wiederum haben zwar die Fähigkeit, Modelle zu programmieren, aber häufig zu wenig Fachwissen und Wissen über diese.

Die Mischung, jemand, der alle drei Bereiche verknüpfen kann, ist der ideale Modellbauer oder die ideale Modellbauerin und muss häufig erst über viele Jahre aufgebaut werden, in denen er oder sie sich mit einem Fach und dem Modellieren intensiv auseinandersetzt. Nicht einer allein kann das alles erfüllen – auch hier ist Kommunikation am Ende der wichtigste Aspekt. Wir müssen miteinander reden, um Probleme zu lösen.

Doch die Kooperation geht weit über den einen Bereich hinaus. Bei der Modellierung von Muttermalen etwa arbeiten wir daran, dass Machine Learning und Simulation in Zukunft zusammenarbeiten, um vielleicht bösartige Melanome früher zu erkennen. Die Verlinkung von Daten und Modellen wird eine zentrale Frage, ob und wie wir unsere Zukunft meistern. Aber auch Statistik, Visualisierung und Optimierung werden wichtige Disziplinen der Zukunft sein. Mit der ÖBB verbindet die dwh (und auch die Technische Universität Wien) mittlerweile eine Vielzahl von Projekten. Dabei geht es darum, das gesamte Schienenverkehrsnetzwerk der ÖBB zu simulieren und zu optimieren. Matthias Wastian und Matthias Rössler arbeiten an diesen Projekten gemeinsam mit Optimierern aus Wien und Klagenfurt. Die Kernfrage lautet dabei immer: Wie können wir die ohnehin schon für sich sehr komplizierten Forschungsmethoden im Dienste der Anwender zusammenbringen, ohne Überblick und Kontrolle zu verlieren. Ein so großes Projekt ist perfekt, um auch jungen Menschen sehr schnell zu zeigen, dass ihr Eindruck, der Welt allein einen Haxen ausreißen zu können, heute zu nichts mehr führt. Unsere beiden dienstjüngsten Mitarbeiter Jakob Rosenberger und Dominik Rothschedl wurden demzufolge also gleich zu Beginn in unser größtes Einzelprojekt geworfen – und auch sie schlagen sich hervorragend.

Die Modelliererinnen und Modellierer der Zukunft müssen das Handwerk verstehen, wissen, welche Methodik die geeignete ist, ausreichend Wissen über die Daten haben, auch über deren Unzulänglichkeit, und über Systemwissen verfügen. Darüber hinaus ist noch das nötige Mindset nötig, mit vielen anderen im Team zu arbeiten.

Und es gehört die Erkenntnis dazu, dass man Dinge verändern kann. Ich habe manchmal den Eindruck, es herrscht der Irrglaube vor, dass die Welt deterministisch ist, man sie nur betrachten, abbilden und daraus Prognosen erstellen kann. Das ist aber völlig absurd. In dem Moment nämlich, in dem ich eine Prognose stelle, ändere ich die Welt schon dadurch, dass ich dann die Gegebenheiten adaptieren kann. Insofern haben die Simulation und die Modelle etwas erfrischend Gestalterisches und Positives. Im Idealfall zeigen sie nicht, wie die Zukunft ist, der wir ausgeliefert sind, sondern sie zeigen das Potenzial, das in der Gestaltung der Zukunft steckt.

Kapitel 14
Corona

Die große Pandemie, Freitag, der 13., und eine zweifelhafte Ehre

In der Drahtwarenhandlung ist es heute heller als sonst. Ein großer Scheinwerfer ist schuld daran, er ist auf Niki Popper gerichtet. Genau wie eine Kamera, ein Mikrofon und die Augen der Reporterin, die gekommen ist, um neue Zahlen, Prognosen und Informationen zu bekommen, mit denen sie für ihre Zuseherinnen und Zuseher einen Blick in die Zukunft werfen kann. Es ist sein x-ter Fernsehauftritt seit Beginn der Pandemie, die im Lauf der Monate angesammelte Routine ist deutlich spürbar. Hinten im Büro hängt ein Fernsehsakko immer griffbereit, das er trägt, wenn er als eine der Stimmen der Pandemie spricht, so wie jetzt. Von Berechnungen und dem Modell erzählt er und betont mit Engelsgeduld, ein ums andere Mal, was man gut einschätzen kann, was weniger und dass es keine langfristigen Prognosen gibt und er nicht sagen kann, wann die Pandemie zu Ende sein wird.

Jänner 2020

Niki kann sich gut erinnern, als das ominöse Virus das erste Mal in Medienberichten auftauchte. »Das war im Jänner 2020, und wir arbeiteten gerade an vielen anderen Projekten. Das Bevölkerungsmodell wurde von uns damals gerade eher stiefmütterlich behandelt.« Die Forscherinnen und Forscher saßen in der Drahtwarenhandlung beim Mittagessen zusammen und befanden: Diese Covid-Sache in unserem virtuellen Bevölkerungsmodell anzuschauen, wäre zwar schon ein Aufwand, zwei, drei Tage Arbeit, aber erstens spannend und zweitens eine gute Gelegenheit, das Bevölkerungsmodell daraufhin abzutesten, wie flexibel es ist.»Das Virus war in China. Die Welt hat zwar interessiert geschaut, aber noch sehr entspannt«, sagt Niki.»Retrospektiv wird man sagen, dass eh klar war, was passieren würde, aber damals war es so weit weg und unklar, ob es uns überhaupt betreffen wird.«

So aktivierten sie das Bevölkerungsmodell und hatten, dank der Erfahrungen aus Vorarbeiten zu Krankheiten wie dem Dengue-Fieber, Influenza und Masern, tatsächlich innerhalb weniger Tage das Modell adaptiert und grundsätzlich durchgerechnet.»Es gab damals noch keine Fälle in Österreich, aber wir haben es hochgerechnet.«

Rückblickend ist festzustellen: Die grundsätzliche Dynamik konnte man schon damals beängstigend gut einschätzen.

Februar 2020

Am 25. Februar 2020, als die ersten drei Covid-19-Fälle in Innsbruck bekannt wurden, hatte man in der Drahtwarenhandlung schon drei verschiedene Szenarien gerechnet und veröffentlicht.

Erstens: das Szenario mit einer massiven Änderung, nämlich der Reduktion aller Kontakte auf null. Kompletter Shutdown, Zero-Covid-Strategie. Den Weg, den später Neuseeland einschlug.

Zweitens: ein Szenario ohne Änderungen. Das Virus würde ohne Gegenmaßnahmen durchrauschen.

Und drittens: ein Szenario, in dem einige Änderungen vorgenommen werden. Heute würde man sagen: Schließungen, Kontaktreduktion, Maske, Abstand und so weiter. Damals war es einfach eine jeweils angepasste Reduktion von Kontakten. Der Weg, den die meisten Länder und auch Österreich einschlugen.[38] »Hier hatten wir aus heutiger Sicht eine verblüffend ähnliche Dynamik bereits zu diesem Zeitpunkt errechnet, wie sie sich jetzt, nach über zwei Jahren Pandemie, abzeichnet. Was wir heute übrigens sehen, ist eine Kombination aus diesen Strategien.«

Das alles geschah im Lauf des Februars, also bevor die

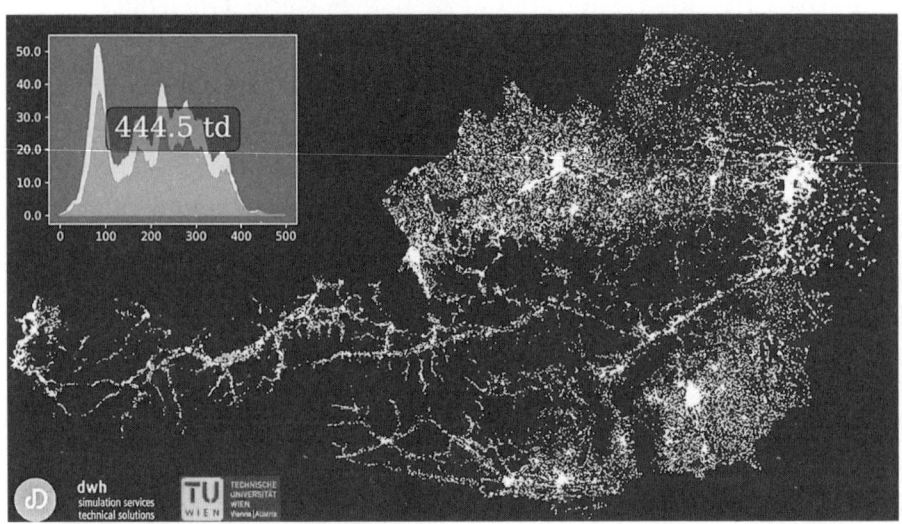

Covid-19: Screenshot des dritten Szenarios, das am 25. Februar 2020 gerechnet und veröffentlicht wurde. Die Maßnahmen wurden damals stark vereinfacht als Kontaktreduktionen angenommen. Zu sehen ist bereits eine Wellenbewegung, wobei hier die erste Welle (anders als in der Realität) die höchste war. Zu diesem Zeitpunkt waren keine Impfungen oder Virusvarianten absehbar.

eigentliche Ausbreitung von Covid-19 in Österreich begonnen hat. »Wir waren dank unseres bestehenden Bevölkerungsmodells sehr schnell«, sagt Niki. »Und haben relativ schnell gewusst: Das wird jetzt eine Herausforderung.«

Niki war Mitte Februar 2020 in Tokio, was seine Sicht auf die Dinge geprägt hat, vor allem ein Vorfall: Auf dem Kreuzfahrtschiff »Diamond Princess«, das vor Yokohama lag, hatten damals von 3700 Passagieren und Crewmitgliedern über 700 Covid. »Das war einer der ersten sehr gut beobachtbaren Cluster – und es war schon klar, dass die ganze Entwicklung nicht ganz simpel wird.«

Am 28. Februar sah Niki den medizinischen Leiter des Wiener Gesundheitsverbundes (damals: Krankenanstaltenverbundes) in der »Zeit im Bild 2«. Michael Binder sagte damals, dass seiner Ansicht nach die Situation ernst werden würde. Die beiden kannten sich von einer Reihe an Projekten und wissenschaftlichen Diskussionen. Niki schrieb ihm nach seinem Auftritt eine SMS:»Danke für die angemessenen, aber auch besonnenen Worte.« Michael Binder rief ihn an und lud ihn ein, zum frisch ins Leben gerufenen Krisenstab der Stadt Wien zu kommen.

»Dort war ich dann«, erzählt Niki. »Ich bin erschienen und habe, ohne dass ich dazu beauftragt worden wäre, lauffähige Szenarien für die konkrete Ausbreitung von Covid-19 in Wien und ganz Österreich vorgezeigt. Heute kennt das jeder aus dem Fernsehen oder dem Internet, damals waren die Mitglieder des Krisenstabs doch – sagen wir – etwas überrascht. Zu dem Zeitpunkt hat noch nicht jeder über Modelle geredet, so wie das heute der Fall ist.« Seine Präsentation warf jede Menge Fragen auf. Was machen wir jetzt? Wo sperren wir zu? Wie können wir uns in den Krankenhäusern vorbereiten? Ein anderer Vertreter hat dann gefragt:»Machen Sie das auch für ganz Österreich?«

Kurz darauf saß Niki im Krisenstab des damaligen Gesundheitsministers Rudolf Anschober.

März 2020

Der Krisenstab wurde als Beraterstab für das Gesundheitsministerium eingerichtet und tagte bereits zum zweiten oder dritten Mal (dieser wurde 2021 als Fachausschuss in den Obersten Sanitätsrat eingegliedert und mittlerweile im Sinne der sinnvollen Verschlankung der Beratungsgremien Ende April 2022 aufgelöst). Ärztinnen und Ärzte, Forscherinnen und Forscher tauschten sich aus – und Niki erzählte etwas über die Dynamik der Ausbreitung und darüber, wie das Ganze jetzt wahrscheinlich weiterlaufen könnte. »Im

Grunde war damals alles noch sehr neu. Heute simulieren viele Leute etwas zu Covid. Aber Anfang 2020 war es schon etwas Besonderes, zeigen und auch erklären zu können, wie sich die Pandemie in Österreich vermutlich entwickeln wird.« Schon damals war ihm wichtig, nicht nackte Zahlen zu zeigen. Er versuchte immer, zu erklären, warum sie zu welchen Einschätzungen gekommen waren. Und wie sicher diese Einschätzungen sind.

Am Freitag, dem 13. März 2020, verkündete der damalige Bundeskanzler Sebastian Kurz, dass es nach den erfolgten Schließungen der Unis ab Montag, dem 16. März, einen Lockdown geben würde und auch die Schulen und der Handel (bis auf Güter des täglichen Bedarfs) schließen würden.»Wir haben an diesem Freitag gerechnet und gesagt, dass sich durch den Lockdown die Dynamik halbieren würde, dass das Wachstum von 40 Prozent Anstieg auf 20 Prozent Anstieg zurückgehen würde.« Eine Woche später war das Wachstum de facto bei fast genau 20 Prozent.

Diese Prognose machte die Runde und markierte den medialen Durchbruch der Modellierer.»Erstens, weil es eine sehr positive Nachricht war, die wir da verkündet hatten – und zweitens, weil wir komplett richtig gelegen sind.«

Seither gilt Niki Popper als einer der Corona-Modellierer Österreichs. Was viele nicht wissen: Anders als andere hat seine Gruppe eben nicht erst im März 2020 begonnen, sich mit dem Thema zu beschäftigen. Viele Tausende Stunden zu Influenza, Masern, dem Dengue-Fieber und zu anderen Erkrankungen, viele Diskussionen und Arbeiten darüber, warum und wann man eine Epidemie wie simulieren sollte, lagen bereits hinter ihnen. Und auch die Frage, wie man unterschiedliche Modelle vergleichen und kombinieren kann. Das alles erwies sich nun als notwendig.

Ab da ging es Schlag auf Schlag. In der dwh und an der TU wurde ein eigenes Covid-Team zusammengestellt, sechs Mitarbeiterinnen und Mitarbeiter arbeiten seit März 2020 im Grunde in Vollzeit an der Modellierung. Jede greifbare Studie zum Thema, alle Zahlen, Maßnahmen, Lockerungen, saisonale Effekte – all das wird in Skripts verwandelt und in das Bevölkerungsmodell eingespeist. Daraus entstehen Prognosen, Szenarienanalysen – etwa zur Impf- und Teststrategie – für den Bund und Entscheidungsgrundlagen zur Krankenhausplanung für Wien (im Jahr 2020), Niederösterreich (ab 2020) und Oberösterreich (ab 2021).

Verantwortung

Für die Modellierer bringt das mehr Aufmerksamkeit – und ein Gefühl, das ihnen schon wie eine alte Bekannte vertraut ist: Verantwortung. »Wenn man berechnet, ob sich der Einsatz einer Krebstherapie für Kinder rechtfertigen lässt, hat das einen genauso hohen emotionalen Impact wie Covid-19.«

Nicht selten wird Niki gefragt, wie er mit einer solchen Sicherheit über diese Themen sprechen kann. »Es ist schlicht und ergreifend die Erfahrung«, sagt er. »Wir beschäftigen uns, wenn man so will, immer mit potenziellen Schäden für Menschen. Wenn drei Kinder pro Jahr an Pneumokokken sterben, rentiert es sich dann, zu impfen? Das klingt zynisch und ist genau das Thema, das wir jetzt bei der Covid-Impfung auch haben. Für uns ist das nicht neu. Das Entscheidende ist, professionell zu sein. Professionalität bedeutet keineswegs, dass mir die Schicksale egal sind. Aber es ist mein Job, die Emotion wegzulassen, damit man klar unterscheiden kann, welches die entscheidenden Faktoren sind. Ich möchte ja auch nicht von einer Chirurgin operiert werden, die vor lauter Mitgefühl weint.«

Für ihn ist die Begründung für alle Maßnahmen, die im Rahmen der Covid-19-Pandemie ergriffen werden, nicht nur die evidenzbasierte Erhebung, ob dadurch Menschen gerettet werden, die sonst nicht zu Schaden kämen, und wie hoch die »Kosten« dafür sind. »Es geht auch um den grundsätzlichen Umstand, dass wir in der Lage sind, solche Maßnahmen zu setzen. Sobald wir in der Lage sind – technisch, operativ, formal –, etwas zu unternehmen, sind wir in einem moralischen Dilemma: Machen wir es oder nicht?« So hätte man im März 2020 auch das Szenario Nummer zwei wählen können – das Virus ohne Einschränkungen durchrauschen zu lassen. Eine Wahl, die über viele Jahrhunderte mangels Wissen und Möglichkeiten die einzige Option war.

Missverständnisse

Es mag zur Gewohnheit geworden sein, mit Modellen Grundlagen für Entscheidungen zu liefern, die viele Menschen betreffen. Was nicht zur Gewohnheit wird: missverstanden zu werden.

Ein Missverständnis, das sich hartnäckig hält: Niki hätte behauptet, es würde in Österreich 100 000 Tote durch Corona geben. »Eines von vielen Beispielen, dass nach so langer Zeit vieles durcheinandergemischt wird. Nach wie vor wird mir diese Aussage unterstellt, aber das ist total absurd. Ich habe bereits vor der medialen Abarbeitung gesagt, dass es sich um ein Modell handelt, das nicht von mir stammt und das ich auch nicht teile.« Trotzdem wurde Niki immer wieder damit in Zusammenhang gebracht. »Vor Kurzem wurde ich deshalb das erste Mal auf der Straße beschimpft.« Als »Arschloch«, von einem Passanten an der Bushaltestelle. »Scheiß Prognose, wo sind die 100 000 Toten?«

Niki erklärt einmal mehr, dass er es nicht war. »Es war von sehr kompetenten Kolleginnen und Kollegen erdacht – und hatte Mängel, die der Geschwindigkeit geschuldet waren«, sagt Niki. »Mängel, die wir untereinander und mit anderen Kolleginnen und Kollegen im Weiteren intensiv diskutiert und aus der Welt geschafft haben. Das sind Dinge, die man nur so besprechen kann und darf. Die mediale Diskussion verkürzt und lässt keinen professionellen Diskurs dazu zu. Sehr wohl muss man aber dann die Ergebnisse kommunizieren.«

Ein Prozess, immer auf Messers Schneide

Im weiteren Verlauf der Pandemie wurde klar, dass die Ergebnisse von Niki und seinem Team je nach Weltanschauung unterschiedlich ausgelegt werden. Ist die Prognose gut, bekommen sie viele Mails, in denen steht, dass man die Gefahr verkennt. Ist sie schlecht, werden sie in den Zuschriften als Apokalyptiker beschimpft, die alle einsperren möchten.

Von der viel zitierten »Spaltung der Gesellschaft« durch Corona spricht Niki trotzdem nicht. Vielleicht will er es nicht wahrhaben, er zögert bei dem Thema. »Dabei handelt es sich um einen Irrglauben. Wir haben uns auch vor Corona nicht alle liebgehabt, nur ist uns das nicht so stark aufgefallen. Jetzt werden unsere Differenzen an diesem Thema sichtbar, dann wird diese Dynamik wieder abflachen.« Viel eher würde Niki es für sinnvoll halten, zu überlegen, was wir möglicherweise aus dieser Situation lernen könnten, um unseren Umgang miteinander zu verbessern. Ein wichtiges Thema ist, einander zuzuhören.

»Vielen Menschen, die auf unsere Modelle auf die eine oder andere Weise reagieren, geht es nicht darum, zu verstehen, was passiert, sondern darum, ihre eigene Meinung bestätigt zu finden. Alles, was nicht in ihrem Toleranzbereich liegt, wird recht scharf bekämpft. Und die Situation wird mit der Zeit eher schlechter.«

Eine weitere Herausforderung ist die Kommunikation der Entscheider. Im Juni 2021 wurde die Pandemie vom damaligen Bundeskanzler Sebastian Kurz vorzeitig – für Geimpfte – für beendet erklärt. »Ich habe ihm im direkten Gespräch explizit davon abgeraten am Tag, bevor er es trotzdem gesagt hat. Abgeraten habe ich nicht nur, weil es inhaltlich falsch war, sondern weil schon damals zu erwarten war, dass die Impfung nicht zu 100 Prozent sterilisierend wirken würde (also die Weitergabe der Krankheit nicht verhindert) und sich das auch kommunikativ ›nicht ausgeht‹«, sagt Niki. »Es geht mir da nicht darum, einen bestimmten Politiker ›rauszuhängen‹. Es geht darum, ein gutes Beispiel für die Mechanismen zu nennen. Vielleicht ist das genau das Problem. Dass politisch denkende Menschen und Wissenschaftlerinnen und Wissenschaftler ganz andere Mindsets davon haben, was eine gute und richtige Strategie ist.«

Beratungsresistente Pandemie-Ende-Verkünder sind ein Problem. Ein anderes sind Prognosen, die zu selbsterfüllenden Prophezeiungen werden.

»Mir wurde schon vorgeworfen, dass ich mich in meiner Kompetenz überschätze und als Modellierer nichts weiter als Zahlen liefern dürfe.« Niki hält das für grundlegend falsch. »Es gehört zu unserer Verantwortung, die Zahlen und die Dynamik zu interpretieren, zu erklären und solche Vorgreifeffekte einzuberechnen.« Wie etwa, dass ein Lockdown ab dem Moment wirkt, in dem er verkündet wird – und damit die Verschwörungstheoretikerinnen und Verschwörungstheoretiker auf den Plan ruft. »Es ist fast schon skurril: Als Interventionsmodellierer weiß ich, dass der Lockdown zumindest zu Beginn der Pandemie ab seiner Ankündigung wirkt, weil 80 Prozent der Menschen so vernünftig sind, sich gleich daran zu halten, wenn er von Expertinnen und Experten für wichtig erachtet wird. Sie warten nicht ab, bis er tatsächlich verordnet ist.« Dies führt dazu, dass die Zahlen ein paar Tage früher sinken, als sie das nach dem tatsächlichen Inkrafttreten sollten. »Eine Folge davon war, dass abstruse Theorien im Netz zu sehen waren, Kurven, in die der Beginn des Lockdowns eingezeichnet war und die zeigten, dass die Zahlen früher gesunken sind.« Das sei als Beweis dafür dargestellt worden, dass die Zahlen auch ohne Lockdown gesunken wären. Bei einer gemeinsamen Podiumsdiskussion im März 2022 mit Lars Schaade, Vizepräsident des Robert Koch-Instituts, hat dieser vom gleichen Mechanismus in Deutschland berichtet. »Auch was das betrifft, sind wir also nicht allein.«

»Die Interpretationen haben absurde Blüten getrieben«, sagt Niki. »Dem muss ich als jemand, der im Umgang damit erfahren ist, entgegentreten.« Inzwischen hat er eine klare Strategie: sachlich bleiben. Fragen beantworten, die man beantworten kann. Trolle ignorieren. Akzeptieren, dass Menschen, die Maßnahmen verweigern und die Pandemie dadurch verlängern, zur Gesellschaft dazugehören.

Trotzdem, ein Blick in die Zukunft

Jede Welle, so Niki, bringt uns ein Stück näher an eine Situation, in der Corona endemisch wird, in saisonalen Wellen auftritt und uns nicht mehr so stark beeinträchtigen wird. »Wir machen monatlich eine Dunkelziffer- und Immunitätsstudie, die uns zeigt, dass ein sehr hoher Prozentsatz, mittlerweile mehr als 95 Prozent, bereits mit Virus und/oder Impfung Kontakt hatten.« Ihr Immunsystem ist also nicht mehr naiv. Durch Mutationen bedeutet das zwar keinen vollständigen Schutz, denn speziell gegen eine neuerliche Infektion verliert man diesen Schutz schneller wieder, als wir noch vor wenigen Monaten angenommen hatten, aber die Wahrscheinlichkeit, zu erkranken, wird immer niedriger. Durch Antikörper und T-Zellen und ein angelerntes Immunsystem, sagen die Medizinerinnen. »Wenn einmal jede und jeder ein, zwei oder drei Mal mit Impfung oder Virus Kontakt hatte, wird das wohl der Übergang in eine Endemie sein.«

Ob sich dann noch jemand für Modelle und Simulationen interessieren wird? Niki lacht: »Na ja, ich fürchte, zu Armin Wolf in die ›Zeit im Bild 2‹ werde ich nicht mehr so oft eingeladen werden ...« Die Sache mit der Sichtbarkeit aber bleibt bestehen. Schon lange wird in der dwh praktisch und an der TU wissenschaftlich daran gearbeitet, mit Modellen bessere Entscheidungen zu treffen. Der Erfolg der letzten Jahre zeigt, wie notwendig solche Modelle geworden sind. Dabei geht es um Themen wie Klimawandel, Mobilität der Zukunft oder darum, woher Energie kommt und wie wir sie einsetzen. »Ich bin das Gesicht nach außen. Jede Wertschätzung ist immer eine Anerkennung für das Team. Den einsamen (männlichen)

Forscher, der versucht, die Welt zu retten, den gibt es schon lange nicht mehr. Zum Glück!«

»Langweilig wird uns sicher nicht«, sagt Niki. »Dazu ist das zu relevant, was wir tun. Klingt eitel und ist es wahrscheinlich auch ein wenig.«

Oder auch nicht. Schließlich ist es eine Eitelkeit, die daraus resultiert, lange vor anderen an den richtigen Modellen gebaut zu haben. Aber sie resultiert auch aus Demut – davor, das Glück gehabt zu haben, dass vieles funktioniert hat. Und das jetzt auch wahrgenommen wird und die Drahtwarenhändlerinnen und Drahtwarenhändler etwas beitragen können.

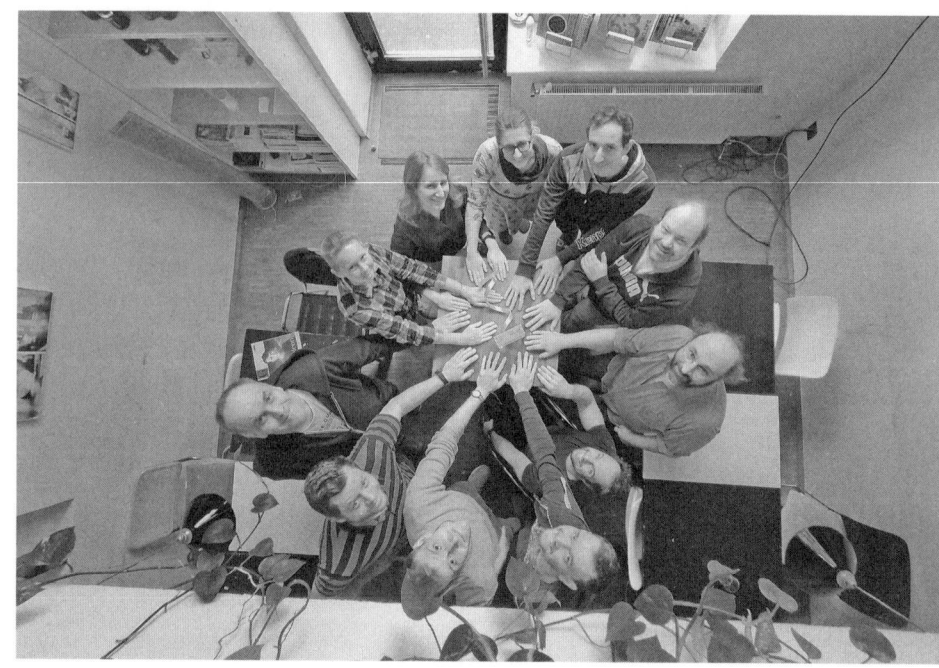

Der Preis »Österreicher des Jahres« im Bereich Forschung mit einem Teil des Teams. Aufgenommen von der Galerie in der Drahtwarenhandlung.

Anmerkungen

1   Wiener, N. (1948, 2nd revised ed. 1961). Cybernetics: Or Control and Communication in the Animal and the Machine. Paris, Cambridge (Massachusetts).

2   Ein erstes Beispiel für diese Verknüpfungen finden Sie hier: Ledebur, K., Kaleta, M., Chen, J., Lindner, S. D., Matzhold, C., Weidle, F., Wittmann, C., Habimana, K., Kerschbaumer, L., Stumpfl, S., Heiler, G., Bicher, M., Popper, N., Bachner, F., Klimek, P. (2022). Meteorological factors and non-pharmaceutical interventions explain local differences in the spread of SARS-CoV-2 in Austria. PLoS computational biology, 18(4), e1009973.

3   Interessierte können in dieser Publikation ein Beispiel für das »Wechselspiel« der Daten und Analysen finden: Amman, F., Markt, R., Endler, L., Hupfauf, S., Agerer, B., Schedl, A., Richter, L., Zechmeister, M., Bicher, M., Heiler, G., Triska, P., Thornton, M., Penz, T., Senekowitsch, M., Laine, J., Keszei, Z., Daleiden, B., Steinlechner, M., Niederstätter, H., Scheffknecht, C., Vogl, G., Weichlinger, G., Wagner, A., Slipko, K., Masseron, A., Radu, E., Allerberger, F., Popper, N., Bock, C., Schmid, D., Oberacher, H., Kreuzinger, N., Insam, H., Bergthaler, A. National-scale surveillance of emerging SARS-CoV-2 variants in wastewater. medRxiv 2022.01.14.21267633. https://bit.ly/3OZ4wg1

4   Popper, N., Zechmeister, M., Brunmeir, D., Rippinger, C., Weibrecht, N., Urach, C., Bicher, M., Schneckenreither, G. Rauber, A. (2021). Synthetic reproduction and augmentation of covid-19 case reporting data by agent-based simulation. Data Science Journal, 20(1). https://bit.ly/3xEhl9n

5   Bicher, M., Rippinger, C., Schneckenreither, G., Weibrecht, N., Urach, C., Zechmeister, M., ... & Popper, N. (2022). Model based estimation of the sars-cov-2 immunization level in austria and

consequences for herd immunity effects. Nature Scientific Reports, 12(1), 1–15. https://bit.ly/3McaOqa

6 Eine aktuelle Version dieser Studie finden Sie hier: https://www.dwh.at/slsd2

7 TU Wien News, 13. März 2020. https://bit.ly/3rf6QFf

8 Umgekehrt kann die Sache aber genauso in die andere Richtung gehen. Mit einer Modellierung (Stichwort: Übertreibung) haben wir uns ebenfalls nicht sehr beliebt gemacht: https://bit.ly/37tJZzi

9 Auch der Wiener Wissenschafts-, Forschungs- und Technologiefonds (WWTF) und der Fonds zur Förderung der wissenschaftlichen Forschung (FWF) fördern unsere Arbeit freundlicherweise durch die Vergabe kompetetiv eingeworbener Grants (wenn also die Qualität passt). Dies erfolgt aber – weil es sich um Grundlagenforschung handelt – ausschließlich über die Technische Universität Wien beziehungsweise Forschungseinrichtungen und nicht über die dwh GmbH.

10 Dewdney, A. K. (1987). Computer Recreations. Scientific American 257, no. 3: 112–15. https://bit.ly/3Of8i4v

11 Laplace hat sich im 19. Jahrhundert mit dem Problem beschäftigt, dass Zufall eigentlich nur ein Messfehler ist: Laplace, P. S. (1825). Essai philosophique sur les probabilités, A Philosophical Essay on Probabilities translated from French by Frederick Wilson Truscott and Frederick Lincoln Emory, London 1902. https://bit.ly/3v59COF

12 Reynolds, C. W. (1987, August). Flocks, herds and schools: A distributed behavioral model. In Proceedings of the 14th annual conference on Computer graphics and interactive techniques (25–34).

13 Einen Einblick, wie das System in der Drahtwarenhandlung funktioniert, finden Sie unter: https://www.dwh.at/inboids

14 Stand der Statistik Austria für Österreich vom 1. Jänner 2020. https://bit.ly/3v5M1xd

15 Meadows, D. H., Randers, J., Meadows, D. L. (2013). The Limits to Growth (1972). In The Future of Nature (101–116).

16 Wie so ein Bevölkerungsmodell definiert wird, kann man zum Beispiel hier nachlesen: Bicher, M., Urach, C., & Popper, N. (2018).

Gepoc ABM: a generic agent-based population model for Austria. In 2018 Winter Simulation Conference (WSC) (2656–2667). IEEE.

17 Wenn Sie diese Schritte händisch, schrittweise berechnen, kommen Sie auf etwas andere Werte. Im ersten Schritt haben Sie dann zum Beispiel noch ganze Zahlen. Das liegt daran, dass das System-Dynamics-Modell eine Differentialgleichung generiert und keine Differenzen. Details dazu können Sie unter https://www.dwh.at/slsd3 nachlesen.

18 Zum Beispiel hier beschrieben: Gigerenzer, G. (2015). Bauchentscheidungen: die Intelligenz des Unbewussten und die Macht der Intuition. München.

19 Die Erstattung von Medikamenten ist im sogenannten Erstattungskodex geregelt, der vom Dachverband herausgegeben wird. Hier sind »… jene für Österreich zugelassenen und gesichert lieferbaren Arzneispezialitäten aufzunehmen, die nach dem Stand der Wissenschaft eine therapeutische Wirkung und einen Nutzen für Patienten und Patientinnen im Sinne der Krankenbehandlung annehmen lassen.« (https://bit.ly/38cVyuP)

20 Die erste Modellierung zu Diabetes finden Sie unter https://bit.ly/3Ko4YSa

21 Werthner, H., Prem, E., Lee, E. A., Ghezzi, C. (eds.) (2022). Perspectives on Digital Humanism.

22 Für eine detaillierte Darstellung können Sie hier unsere Vorlesungsfolien finden: https://www.dwh.at/slsd1

23 Schneckenreither, G., Tschandl, P., Rippinger, C., Sinz, C., Brunmeir, D., Popper, N., Kittler, H. (2021). Reproduction of patterns in melanocytic proliferations by agent-based simulation and geometric modeling. PLoS computational biology, 17(2), e1008660.

24 Diese Weisheit kommt eigentlich von Solomon W. Golomb und ist über 50 Jahre alt: Golomb, S. W. (1971). Mathematical models: Uses and limitations. IEEE Transactions on Reliability, 20(3), 130–131.

25 Schneckenreither, G. (2014). Developing mathematical formalisms for cellular automata in modelling and simulation (Thesis).

26 Abbott, E. A. (1987). Flatland: a romance of many dimensions (Vol. 22). London.

27 Einen Überblick zu den Benchmarks finden Sie unter: Breitenecker, F., Körner, A., Ecker, H., Popper, N., Pawletta, T. (2019). ARGESIM Benchmarks on Modelling Approaches and Simulation Implementations-Development, Classification and Basis for Simulation Education. Simul. Notes Eur., 29(1), 49–61.

28 Schneckenreither, G., Popper, N., Zauner, G., Breitenecker, F. (2008). Modelling SIR-type epidemics by ODEs, PDEs, difference equations and cellular automata – A comparative study. Simulation Modelling Practice and Theory, 16(8), 1014–1023.

29 Einzinger, P. (2014). A comparative analysis of system dynamics and agent-based modelling for health care reimbursement systems (Doctoral dissertation).

30 Popper, N. (2015). Comparative modelling and simulation: a concept for modular modelling and hybrid simulation of complex systems (Doctoral dissertation).

31 Bicher, M. (2017). Classification of microscopic models with respect to aggregated system behaviour (Doctoral dissertation, Wien).

32 Siehe dazu zum Beispiel: Glock, B., Popper, N., Breitenecker, F. (2015). Various aspects of multi-method modelling and its applications in modelling large infrastructure systems like airports. In Proceedings of the European Modeling and Simulation Symposium (10).

33 Hafner, I., & Popper, N. (2017, December). On the terminology and structuring of co-simulation methods. In Proceedings of the 8th International Workshop on Equation-Based Object-Oriented Modeling Languages and Tools (67–76).

34 Breitenecker, F., Judex, F., Popper, N., Breitenecker, K., Mathe, A., & Mathe, A. (2008). Love emotions between laura and petrarch – an approach by mathematics and system dynamics. Journal of computing and information technology, 16(4), 255–269. https://bit.ly/3v8RjYS

35 Eine detailliertere Betrachtung zur Reproduzierbarkeit in einem speziellen Bereich, nämlich der Archäologie, können Sie hier nachlesen: Popper, N., Pichler, P. (2015). Reproducibility. In: Agent-based Modeling and Simulation in Archaeology (77–98).

36 Einige Videos und die Beschreibung unter:
   https://bit.ly/3OeYYxF
37 Jahn, B., Sroczynski, G., Bicher, M., Rippinger, C., Mühlberger, N., Santamaria, J., ... Popper, N., Siebert, U. (2021). Targeted covid-19 vaccination (tav-covid) considering limited vaccination capacities – an agent-based modeling evaluation. Vaccines, 9(5), 434.
38 Visualisierungen der genannten Szenarien vom Februar 2020 kann man hier finden: https://www.dwh.at/slsd4

Glossar

Adherence (Adhärenz) Beschreibt das Maß, ob und wie gut Patientinnen und Patienten bei einer Therapie mitmachen, also die Einhaltung der gemeinsam von Patientin oder Patient und Ärztin oder Arzt gesetzten Therapieziele. Früher war der Begriff Compliance dafür gebräuchlicher, er wird aber heute nicht mehr verwendet, da er die Frage impliziert, ob der Patient beziehungsweise die Patientin brav macht, was die Ärztin beziehungsweise der Arzt sagt. Bei Adherence steht das gemeinsame Erreichen von Therapiezielen im Mittelpunkt.

Algorithmus Damit wird eine Folge von Anweisungen beschrieben, die zur Lösung einer Aufgabe oder eines Problems führen. Entscheidend ist dabei das schrittweise Vorgehen, also das Abarbeiten von Befehlen. Im Gegensatz dazu beschreibt eine Formel die Welt analytisch, beispielsweise durch eine Gleichung, die zu lösen ist. Ein Beispiel für einen Algorithmus ist der Code eines Computerprogramms.

Anylogic Erfolgreiche hybride Simulationssoftware, die in St. Petersburg entwickelt wurde und agentenbasierte Modelle, System Dynamics sowie diskrete Modelle kombiniert.
https://www.anylogic.de

Bias (Informatik) Verzerrung bzw. Fehler, die bei der Erhebung von Daten oder der Auswahl der Methodik entstehen. Im Unterschied zur Messungenauigkeit entstehen

Bias aufgrund gewisser Vorurteile. Im Rahmen der künstlichen Intelligenz etwa, wenn die Software-Entwickler weiße Männer sind, ihre Lebensrealität ihre Arbeit beeinflusst und das Programm diese als Norm erachtet und etwa dunkelhäutige Frauen als Abweichung davon.

Club of Rome Diese Vereinigung internationaler Expertinnen und Experten wurde 1968 gegründet. 1972 erschien ihr berühmtes Werk *Die Grenzen des Wachstums,* erstellt von den Mitgliedern Donella Meadows, Dennis L. Meadows, Jørgen Randers und William W. Behrens III., das in 29 Sprachen übersetzt wurde und als grundlegendes Werk der damals aufkommenden Umweltbewegung gilt. https://www.clubofrome.org

Co-Simulation Zwei Simulationstools, die mit unterschiedlichen Methoden arbeiten, laufen gleichzeitig auf einem Computer ab und kommunizieren miteinander, um ein Problem zu lösen. Co-Simulation kommt zur Anwendung, wenn etwa für eine (Teil-)Problemstellung ein bestimmtes Tool besser geeignet ist als ein anderes.

Conditional Reimbursement Dabei wird die Erstattung der Kosten von Therapien etwa an Pharmaunternehmen davon abhängig gemacht, wie gut sie wirken. Gemessen wird die Wirksamkeit nicht an einzelnen Patientinnen oder Patienten, sondern an der behandelten Bevölkerung. Dadurch ergibt sich eine gewisse Erfolgsgarantie.

Dijkstra, Edsger Wybe (1930–2002) Bedeutender niederländischer Informatiker.

diskret Das Gegenteil von kontinuierlich. Es gibt also nicht unendlich viele Möglichkeiten für einen Wert, sondern eine endliche Zahl. Ein Beispiel dafür wäre ein Schalter, der »ein« oder »aus« sein kann, aber nichts dazwischen.

Doppelpendel An ein Pendel wird ein zweites angehängt: Diese Konstellation führt sehr schnell zu einem chaotischen Verhalten und stellt ein einfaches Beispiel dafür dar, warum Probleme sehr schnell sehr kompliziert werden können.

Dreikörperproblem Ein klassisches Problem in der Himmelsmechanik, das sich mit einer Vorhersage für den Bahnverlauf von drei Körpern unter der Einflussnahme ihrer gegenseitigen Anziehung beschäftigt. Es galt in der Geschichte als sehr schwieriges mathematisches Problem, das viele Menschen zu lösen versucht haben. Es ist nicht analytisch, also mit Formel, Stift und Papier, lösbar, sondern nur näherungsweise.

Emergentes Verhalten Neue Eigenschaften und Strukturen können sich in einem System aufgrund des Zusammenspiels der darin vorkommenden Elemente herausbilden. Entscheidend dabei ist, dass es nicht möglich ist, automatisch vom Verhalten eines Einzelnen auf das Verhalten einer ganzen Gruppe zu schließen – wie etwa im Beispiel des Vogelschwarms, der durch den Impuls eines einzelnen Vogels seine Richtung ändern kann.

Evidenzbasierte Medizin Medizinische Behandlung von Menschen beruht, so es irgendwie möglich ist, auf

Grundlage von empirisch nachgewiesenen Aspekten. Im Unterschied dazu gibt es den scherzhaften Begriff der »eminenzbasierten« Medizin, die darauf beruht, was der Herr Primar sagt.

Exponentielles Wachstum Beschreibt ein Wachstum, bei dem sich die beobachtete Größe in konstanter Zeit vervielfacht.

Feedbackschleife (Rückkoppelung) Die Reaktion auf ein Ereignis, eine Veränderung wird wieder aufgenommen. Das Ergebnis dieser Veränderung beeinflusst dann im Weiteren das System.

Forrester, Jay W. (1918–2016) Informatiker und Begründer von System Dynamics.

Fuzzy Logic Auch: Unschärfelogik. Im Unterschied zur »normalen« Logik, bei der eine Aussage wahr oder falsch sein kann, gibt es hier nicht eindeutige Werte, sondern solche, die teilweise überlappen und ungenau sind. Es ist der Versuch, die reale Welt besser abzubilden. Als Beispiel: Das Alter von Menschen wird in Klassen (A: 0–35 Jahre, B: 30–50 Jahre, C: 45–99 Jahre) eingeteilt. Nun lässt sich ein Ergebnis in Klassifizierungen darstellen, also: zu 70 Prozent Klasse A, zu 75 Prozent Klasse B.

»Game of Life« Ein 1970 vom Mathematiker John Horton Conway entwickeltes Spiel, das auf einem Zellularautomaten und der Automaten-Theorie von Stanisław Marcin Ulam basiert.
https://playgameoflife.com

Gigerenzer, Gerd (*1947) Deutscher Psychologe und Leiter des Max-Planck-Instituts für Bildungsforschung. Gigerenzer beschäftigt sich mit der Frage, wie Menschen Risiko einschätzen. In zahlreichen Studien, Artikeln und Büchern schreibt er darüber, dass Menschen Risiken völlig falsch einschätzen und sich auch Fachleute schwer damit tun, mit Wahrscheinlichkeiten umzugehen.

INiTS Universitäres Gründerservice der Universität Wien, der Technischen Universität Wien und der Wirtschaftsagentur Wien.
https://www.inits.at

Interpolation Dabei werden Werte, die zwischen zwei messbaren Punkten liegen, abgeschätzt und fehlende Messwerte ergänzt. Sind beispielsweise die Temperaturwerte von Montag, Mittwoch und Freitag bekannt, wird durch Interpolation abgeschätzt, wie viel Grad es am Dienstag und Donnerstag hatte. Innerhalb der Messreihe werden also Daten ergänzt. Im Unterschied dazu wird bei der Extrapolation die Reihe in die Zukunft fortgesetzt.

Junior Alpbach Veranstaltung für Jugendliche im Rahmen der Technologiegespräche beim Forum Alpbach. Im Rahmen dieser Veranstaltung bringen Wissenschaftlerinnen und Wissenschaftler bestimmte Fragestellungen und Themen jungen Menschen nahe.
https://www.alpbach.org/de/

kausal Ein kausales Modell (beispielsweise ein Differentialgleichungsmodell) versucht, Wirkmechanismen zu verstehen und zu beschreiben. Im Unterschied dazu versucht ein rein statistisches Modell, aus Daten zu extrapolieren und die Zukunft vorherzusagen.

Lange Nacht der Forschung Österreichweites Event, das die heimische Forschung für ein breites Publikum öffnet. Findet nach pandemiebedingter Pause wieder jährlich statt.
https://langenachtderforschung.at

Logistisches Wachstum Im Unterschied zu exponentiellem Wachstum hat das logistische Wachstum eine Obergrenze. Es wird berücksichtigt, dass es auf zur Verfügung stehende Ressourcen zurückgreifen muss, die irgendwann zu Ende gehen.

Luhmann, Niklas (1927–1998) Deutscher Soziologe und Begründer der Systemtheorie.

Matlab Software des amerikanischen Unternehmens MathWorks zur Lösung mathematischer Probleme und zur grafischen Darstellung der Ergebnisse. Sie ist speziell auf numerische Berechnungen mithilfe von Matrizen ausgelegt und wurde Ende der 1970er-Jahre von Cleve Moler u. a. entwickelt.

Matrix Eine Matrix ist eine rechteckige Anordnung, also eine Tabelle von Elementen wie etwa Zahlen. Mit diesen Objekten lässt sich in bestimmter Weise rechnen, indem man Matrizen addiert oder miteinander multipliziert. Matrizen sind ein Schlüsselkonzept der linearen Algebra und tauchen in fast allen Gebieten der Mathematik auf. Ein weiterer Aspekt ist, dass man damit zum Beispiel zwischen vielen, einzelnen Akteuren eine Relation, also ein Verhältnis, herstellen kann. Dazu stehen in der ersten Spalte und Zeile einer NxN Matrix die N Einträge für jeden einzelnen Akteur – nehmen wir zwei Beispiele: J und K. In den anderen, darunter liegenden Spalten und Zeilen der Matrix steht zwischen jedem einzelnen Akteur J und jedem anderen Akteur K ein Wert, der zum Beispiel wie in Kapitel 2 beschrieben den beiden eine »Zuneigung« zwischeneinander zuordnet. Dabei gibt es zwei Einträge, nämlich [J/K] und [K/J] – die Zuneigung muss also nicht gleich groß sein.

Multi-Method-Modelling Im Gegensatz zur Co-Simulation, bei der zwei Modelle in Echtzeit kooperieren, wird bei Multi-Method-Modelling bereits bei der gedanklichen Erstellung berücksichtigt, dass verschiedene Konzepte in einem Modell kombiniert werden. Beispielsweise Agenten, die im Modell »herumlaufen«, wobei in jedem Agenten ein eigenes Modell steckt, das abbildet, wie sich der Agent entscheidet.

Neumann, John von (1903–1957) Einer der bedeutendsten Mathematiker des vergangenen Jahrhunderts, der unter anderem zur mathematischen Logik und Spieltheorie forschte und als einer der Begründer der Informatik gilt.

Newton, Isaac (1643–1727) Englischer Physiker, Astronom und Mathematiker.

oszillierend Schwingend. Ein System schwingt wellenmäßig.

Parallelisierung Ist eine Simulation sehr aufwendig, besteht aber beispielsweise darin, immer wieder den gleichen Rechenvorgang durchzuführen, ist es sinnvoll, diesen Prozess zu parallelisieren. Dabei werden auf vielen Rechnern (oder Rechenkernen) zeitgleich Teile einer Simulation gerechnet. Wird etwa ein Gebäude mit 100 Stockwerken simuliert, kann jedes Stockwerk auf einem Computer simuliert werden.

Parametrisierung Die Befüllung eines Modells mit den notwendigen Daten.

PED (Pedestrian and Evacuation Dynamics) Modell Eine spezielle Form der agentenbasierten Simulation, bei der es darum geht, wie sich Menschen in Gebäuden oder anderen Umgebungen bewegen, speziell wie das Evakuieren im Notfall funktioniert.

Petrarca, Francesco (1304–1374) Vertreter der frühen italienischen Literatur, Dichter und Geschichtsschreiber.

Petri-Netz Dabei handelt es sich um netzwerkbasierte Modellierung, die versucht, ein System als Netzwerk von Knoten, Kanten und Belegungen abzubilden.

Predictive Medicine (Prädiktive Medizin) In der Predictive Medicine wird versucht, auf Basis von Daten, Untersuchungen und Diagnosen von Patientinnen und Patienten, bessere Vorhersagen darüber zu treffen, was die Patientin oder der Patient in Zukunft brauchen wird beziehungsweise Erkrankungen frühzeitig zu erkennen.

Resilienz (Widerstandsfähigkeit) Besagt, wie lange ein System funktioniert, wenn sich Gegebenheiten ändern oder Abläufe gestört werden. Ein Logistiksystem etwa, das davon abhängig ist, ob ein Schräubchen geliefert werden kann oder nicht, ist nicht besonders resilient. Wenn Lieferketten, sei es wegen einer Epidemie oder eines Krieges, zusammenbrechen, kann mithilfe von Modellierung sehr gut die Resilienz eines solchen Systems beurteilt werden.

Sensitivität Weist ein System eine hohe Sensitivität auf, ist das etwas Unangenehmes, denn es bedeutet, dass es auf eine Änderung sehr stark reagiert. In diesem Fall ist es schlecht vorhersagbar und einschätzbar. Führt ein um 1 Prozent geänderter Anfangswert zu einem völlig anderen Output, ist dies problematisch, wohingegen ein System, das sich bei veränderten Eingangsdaten nicht stark ändert, relativ klar vorauszusehen ist. Sensitivität hängt auch stark mit Resilienz zusammen.

Skalierbarkeit Definiert, wie gut sich ein System an einen steigenden oder sinkenden Bedarf anpassen lässt. Ist ein System etwa auf 100 Datensätze ausgelegt, lässt sich aber auch mit einer Million Datensätze noch anwenden, ist es sehr gut vergrößerbar (oder verkleinerbar) und damit skalierbar. Bei Unternehmen bedeutet eine gute Skalierbarkeit, wie sehr sich ein Geschäftsmodell auf eine steigende Anzahl Kundinnen und Kunden anpassen lässt.

Statistische Repräsentanten Im virtuellen Bevölkerungsmodell werden nicht reale Personen abgebildet, sondern je nach Bedarf hinreichend genaue Stellvertreter, die zwar alle notwendigen Eigenschaften abbilden, um insgesamt die richtigen Vertreter zu modellieren – aber nicht mehr. Einzelne Individuen sind nicht identifizierbar.

Topologie Mathematische Disziplin, die sich mit der Lage und Anordnung geometrischer Objekte im Raum beschäftigt.

Visualisierung Grafische beziehungsweise bildliche (bewegte oder nicht bewegte) Darstellung von Ergebnissen, aber auch von beispielsweise komplexen Datenstrukturen (etwa wie ein komplexes kausales Modell funktioniert).

Wiener, Norbert (1894–1964) Amerikanischer Mathematiker und Philosoph.

Danksagung

Ich danke meiner Familie, meinen Freundinnen und Freunden.

Ich danke allen Forscherinnen und Forschern, mit denen wir zusammenarbeiten und von denen wir jeden Tag lernen dürfen.

Und allen Menschen aus der Drahtwarenhandlung, die im Grunde auch zu diesen Kategorien zählen: Martin Bicher, Dominik Brunmeir, Štefan Emrich, Barbara Glock, Irene Hafner, Barbara Hickel, Agata Kasprzyk, David Kornberger, Michael Landsiedl, Thomas Peterseil, Claire Rippinger, Jakob Rosenberger, Matthias Rössler, Dominik Rothschedl, Günter Schneckenreither, Alexander Scholze, Christoph Urach, Matthias Wastian, Nadine Weibrecht, Günther Zauner, Melanie Zechmeister und allen, die nicht mehr in der Drahtwarenhandlung weilen, aber uns noch verbunden sind.